面白くて眠れなくなる元素

有趣得让人睡不着的化学

[日] 左卷健男 著
郝彤彤 译

北京时代华文书局

图书在版编目（CIP）数据

有趣得让人睡不着的化学 /（日）左卷健男著；郝彤彤译．— 北京：北京时代华文书局，2020.4（2025.5 重印）

ISBN 978-7-5699-3604-9

Ⅰ．①有…　Ⅱ．①左…　②郝…　Ⅲ．①化学元素－普及读物　Ⅳ．① O611-49

中国版本图书馆 CIP 数据核字（2020）第 037100 号

北京市版权局著作权合同登记号　图字：01-2025-1601

有趣得让人睡不着的化学
YOUQUDE RANG REN SHUIBUZHAO DE HUAXUE

著　　者 | [日] 左卷健男
译　　者 | 郝彤彤

出 版 人 | 陈　涛
选题策划 | 高　磊
责任编辑 | 徐敏峰
执行编辑 | 刘嘉丽
装帧设计 | 程　慧　郭媛媛　段文辉
责任印制 | 刘　银　訾　敬

出版发行 | 北京时代华文书局 http://www.bjsdsj.com.cn
北京市东城区安定门外大街 138 号皇城国际大厦 A 座 8 层
邮编：100011　电话：010 - 64263661　64261528
印　　刷 | 河北京平诚乾印刷有限公司　电话：010-60247905
（如发现印装质量问题，请与印刷厂联系调换）
开　　本 | 880 mm × 1230 mm　1/32　印　　张 | 8　字　　数 | 140 千字
版　　次 | 2020 年 6 月第 1 版　印　　次 | 2025 年 5 月第 28 次印刷
书　　号 | ISBN 978-7-5699-3604-9
定　　价 | 49.80 元

自序

欢迎来到构成宇宙万物的基础单位——化学元素的世界！

我们生活在一个美丽富饶的自然世界。我们的世界里，有石头也有土地；有植物、动物和人类；有河流有大海；有天空还有星辰。而构成这个千姿百态的世界的基础，却仅仅是一百多种化学元素。

本书简单介绍了化学元素的世界，并生动有趣地讲述了化学元素与我们日常生活的紧密联系。

一般介绍化学元素的书，都会重点讲解“无聊的”化学反应以及原子结构等知识，但是本书摒弃了那些枯燥的内容。即使你在学校看到理科就头疼，也不要担心，只要你对化学知识抱有好奇心，想了解神奇的化学元素世界，本书就一定适合你。

如果你符合以下描述，那么我非常建议你阅读此书：

1. 想了解有趣的化学元素世界；

2. 想了解每天又有什么关于化学元素的新闻。

当你了解化学元素后，就会明白我们身处的世界究竟是怎样形成的。像常常登上新闻的贵金属、稀土金属以及核能这些耳熟能详的词语，也是与化学元素息息相关的。

在一百多种元素（现已知共118种）中，自然界中天然存在的元素约有90种。而这90多种元素正是构成地球上已知的1亿多种物质，甚至是宇宙物质的根本所在。化学元素通过不同的结合方式、结合对象，创造出更多样的物质（万物）。

举例来说，我们的身体中约60%都是水。

我们都知道水是由氢和氧构成的化合物，因此你一定认为我们体内氢和氧的含量是最多的。但除此以外，我们身体中还含有构成肌肉的蛋白质、提供能量的脂肪，以及骨骼，而其中蛋白质、脂肪都是以碳元素为主的有机物。实际上，我们身体中有六大元素，它们的比重分别是：氧65%、碳18%、氢10%、氮3%、钙1.5%、磷1%。

我们体内还有一些次要元素：硫、钾、钠、氯、镁等，这些元素加起来共占0.8%。接下来是微量元素和超微量元素：铁、铜、锰、锌、铝、氟、硒、碘、硅等，共占

0.7%。

所以，其实构成我们身体的元素并不多。看了这些元素名称后，我们来一起想象一下它们是如何构成我们身体的。比如说，蛋白质是由氨基酸组合而成，而氨基酸中的必要元素为氮；骨骼是由磷酸钙构成的，其中包含磷、钙和氧。

即使你在学校里理科学得很差，但当你了解到这些神奇有趣、不可思议的故事后，一定也会对化学元素产生浓厚的兴趣。

我编写本书的初衷就是希望无论你们翻读到哪一页，都能沉浸在化学元素世界的趣味之中。

那么，现在就请和我一起打开元素世界的大门吧！

目录

Part 2 原子序数19—54

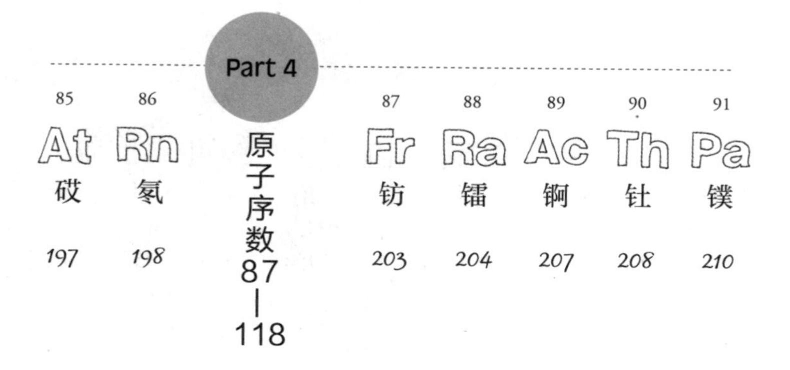

小专栏

*国际纯粹与应用化学联合会（IUPAC）于2016年6月8日公布了113号、115号、117号、118号这四个元素的名称方案。历经5个月的意见征集，最终确定了元素名称。本书原版发行时正处于名称提案阶段。

◆ 元素周期表

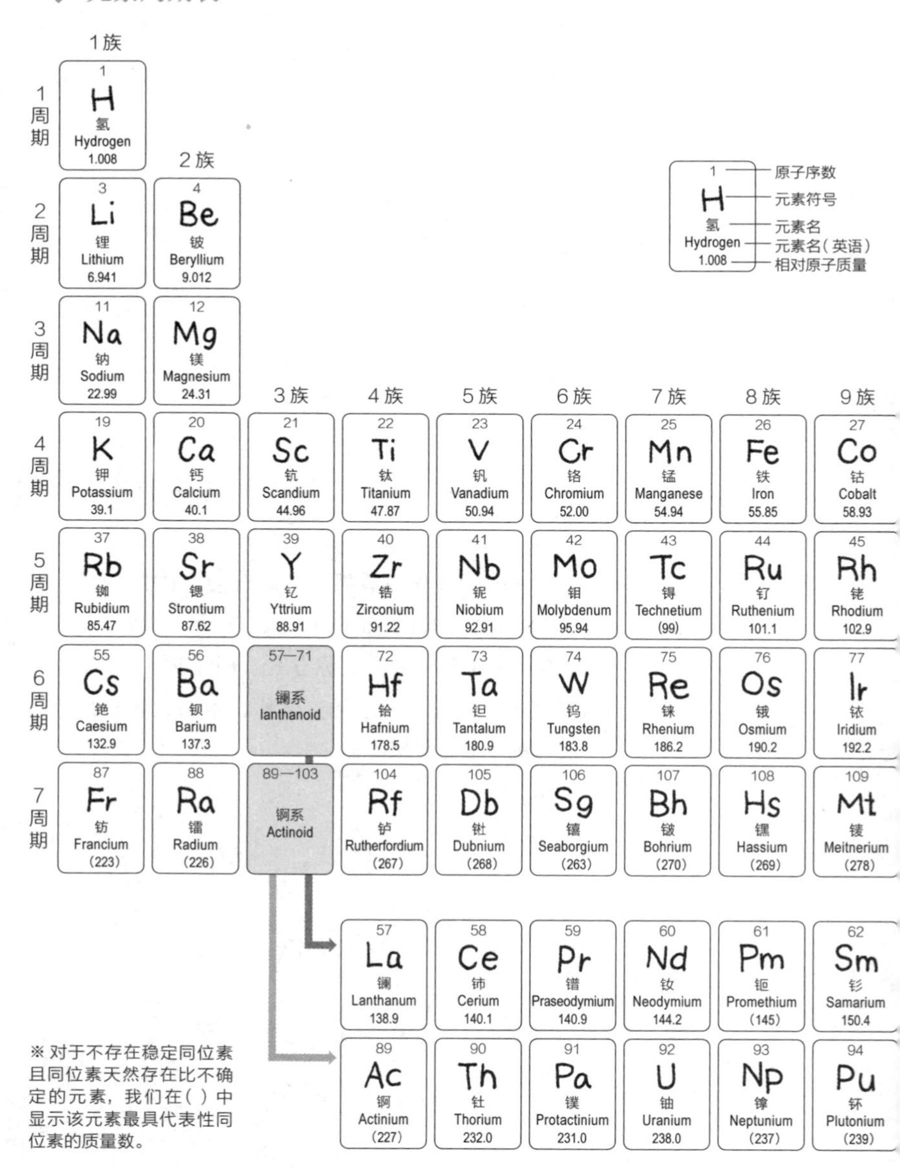

1族
2族
3族
4族
5族
6族
7族
8族
9族
1周期
2周期
3周期
4周期
5周期
6周期
7周期
1 H 氢 Hydrogen 1.008
原子序数
元素符号
元素名
元素名(英语)
相对原子质量
3 Li 锂 Lithium 6.941
4 Be 铍 Beryllium 9.012
11 Na 钠 Sodium 22.99
12 Mg 镁 Magnesium 24.31
19 K 钾 Potassium 39.1
20 Ca 钙 Calcium 40.1
21 Sc 钪 Scandium 44.96
22 Ti 钛 Titanium 47.87
23 V 钒 Vanadium 50.94
24 Cr 铬 Chromium 52.00
25 Mn 锰 Manganese 54.94
26 Fe 铁 Iron 55.85
27 Co 钴 Cobalt 58.93
37 Rb 铷 Rubidium 85.47
38 Sr 锶 Strontium 87.62
39 Y 钇 Yttrium 88.91
40 Zr 锆 Zirconium 91.22
41 Nb 铌 Niobium 92.91
42 Mo 钼 Molybdenum 95.94
43 Tc 锝 Technetium (99)
44 Ru 钌 Ruthenium 101.1
45 Rh 铑 Rhodium 102.9
55 Cs 铯 Caesium 132.9
56 Ba 钡 Barium 137.3
57—71 镧系 lanthanoid
72 Hf 铪 Hafnium 178.5
73 Ta 钽 Tantalum 180.9
74 W 钨 Tungsten 183.8
75 Re 铼 Rhenium 186.2
76 Os 锇 Osmium 190.2
77 Ir 铱 Iridium 192.2
87 Fr 钫 Francium (223)
88 Ra 镭 Radium (226)
89—103 锕系 Actinoid
104 Rf 鈩 Rutherfordium (267)
105 Db 𨧀 Dubnium (268)
106 Sg 𨭎 Seaborgium (263)
107 Bh 𨨏 Bohrium (270)
108 Hs 𨭆 Hassium (269)
109 Mt 鿏 Meitnerium (278)
57 La 镧 Lanthanum 138.9
58 Ce 铈 Cerium 140.1
59 Pr 镨 Praseodymium 140.9
60 Nd 钕 Neodymium 144.2
61 Pm 钷 Promethium (145)
62 Sm 钐 Samarium 150.4
89 Ac 锕 Actinium (227)
90 Th 钍 Thorium 232.0
91 Pa 镤 Protactinium 231.0
92 U 铀 Uranium 238.0
93 Np 镎 Neptunium (237)
94 Pu 钚 Plutonium (239)
※对于不存在稳定同位素且同位素天然存在比不确定的元素，我们在( )中显示该元素最具代表性同位素的质量数。

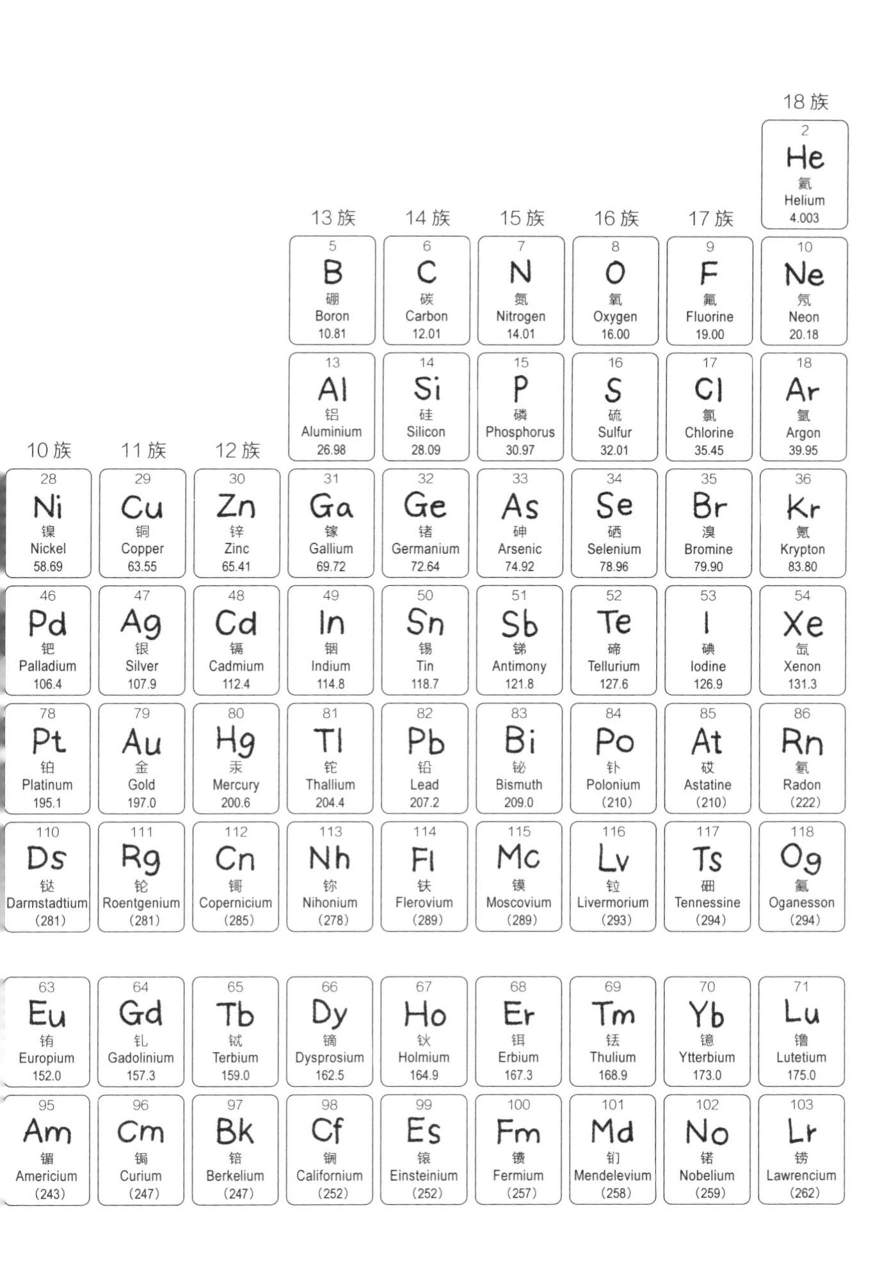
18 族
2 He 氦 Helium 4.003
13 族
14 族
15 族
16 族
17 族
5 B 硼 Boron 10.81
6 C 碳 Carbon 12.01
7 N 氮 Nitrogen 14.01
8 O 氧 Oxygen 16.00
9 F 氟 Fluorine 19.00
10 Ne 氖 Neon 20.18
13 Al 铝 Aluminium 26.98
14 Si 硅 Silicon 28.09
15 P 磷 Phosphorus 30.97
16 S 硫 Sulfur 32.01
17 Cl 氯 Chlorine 35.45
18 Ar 氩 Argon 39.95
10 族
11 族
12 族
28 Ni 镍 Nickel 58.69
29 Cu 铜 Copper 63.55
30 Zn 锌 Zinc 65.41
31 Ga 镓 Gallium 69.72
32 Ge 锗 Germanium 72.64
33 As 砷 Arsenic 74.92
34 Se 硒 Selenium 78.96
35 Br 溴 Bromine 79.90
36 Kr 氪 Krypton 83.80
46 Pd 钯 Palladium 106.4
47 Ag 银 Silver 107.9
48 Cd 镉 Cadmium 112.4
49 In 铟 Indium 114.8
50 Sn 锡 Tin 118.7
51 Sb 锑 Antimony 121.8
52 Te 碲 Tellurium 127.6
53 I 碘 Iodine 126.9
54 Xe 氙 Xenon 131.3
78 Pt 铂 Platinum 195.1
79 Au 金 Gold 197.0
80 Hg 汞 Mercury 200.6
81 Tl 铊 Thallium 204.4
82 Pb 铅 Lead 207.2
83 Bi 铋 Bismuth 209.0
84 Po 钋 Polonium (210)
85 At 砹 Astatine (210)
86 Rn 氡 Radon (222)
110 Ds 𫟼 Darmstadtium (281)
111 Rg 𬬭 Roentgenium (281)
112 Cn 鿔 Copernicium (285)
113 Nh 鿭 Nihonium (278)
114 Fl 𫓧 Flerovium (289)
115 Mc 镆 Moscovium (289)
116 Lv 𫟷 Livermorium (293)
117 Ts 鿬 Tennessine (294)
118 Og 鿫 Oganesson (294)
63 Eu 铕 Europium 152.0
64 Gd 钆 Gadolinium 157.3
65 Tb 铽 Terbium 159.0
66 Dy 镝 Dysprosium 162.5
67 Ho 钬 Holmium 164.9
68 Er 铒 Erbium 167.3
69 Tm 铥 Thulium 168.9
70 Yb 镱 Ytterbium 173.0
71 Lu 镥 Lutetium 175.0
95 Am 镅 Americium (243)
96 Cm 锔 Curium (247)
97 Bk 锫 Berkelium (247)
98 Cf 锎 Californium (252)
99 Es 锿 Einsteinium (252)
100 Fm 镄 Fermium (257)
101 Md 钔 Mendelevium (258)
102 No 锘 Nobelium (259)
103 Lr 铹 Lawrencium (262)

Part 1

原子序数 1—18

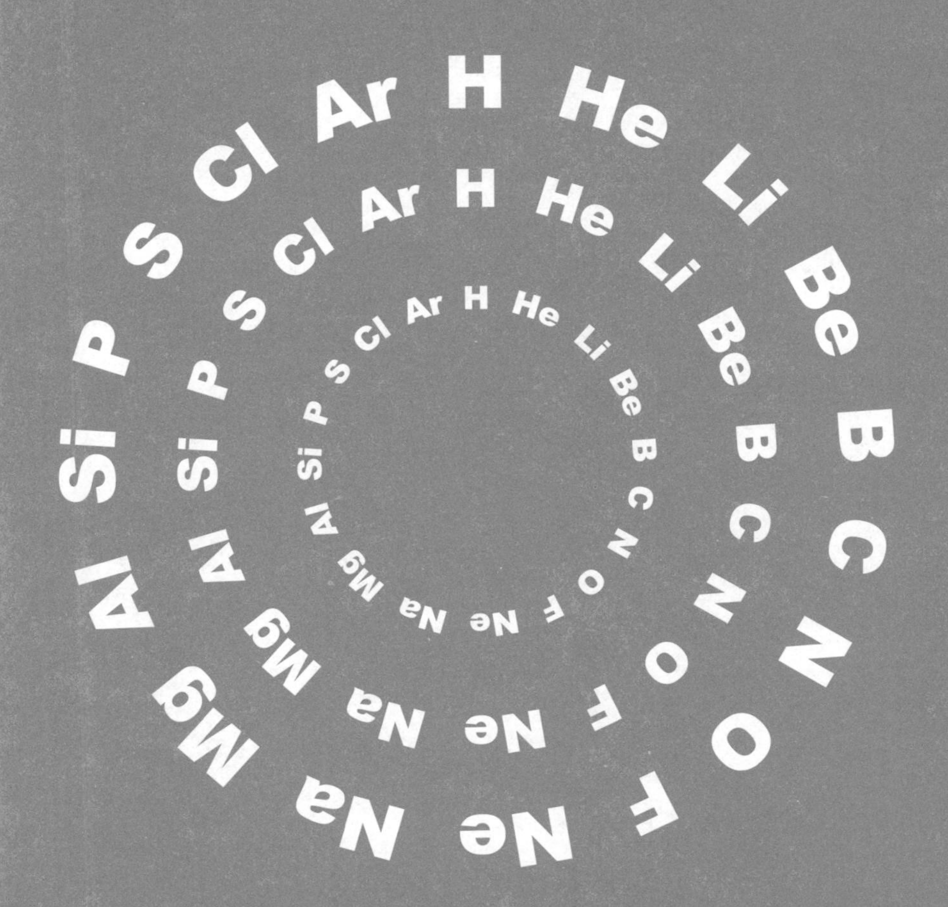

1 H

氢

Hydrogen
相对原子质量1.008

来源于希腊语中的 hydro（水）+gennao（生成），也就是“可以生成水的物质”。

氢元素燃烧后变为水

氢气是已知的所有气体中最轻，且无色无味的气体。地球上的氢气（H_2）是由两个质量数最小的氢原子构成的，因此重力无法束缚住它，导致大气中的氢气含量微乎其微。氢气的密度为0.089g/L。如果把空气看成是1的话，氢气所占的比重为0.07。

但是，像木星这样的巨大行星就可以靠重力把氢气留在大气中。伽利略号探测器在1995年探测到木星的成分中，75%以上都是氢气（含量第二的成分是氦，25%）。

将氢气点燃后，就能得到水。当空气中的氢气含量为4%—75%时，遇明火会发生爆炸。氢气也被用作火箭液体燃料和生产氨气的化工原料等。

人们很关注以氢气为原料的燃料电池。在氢气和氧气发生化学反应时，会产生电流，而该电流可以作为能源。搭载氢氧燃料电池的汽车在运行时排出的尾气只有水蒸气。

氢和氧结合成水，因此地球上的氢多以水的形式存在。除此以外，氢和碳结合会形成丰富的有机物。氢是宇宙中最多的元素，但是由于宇宙是高真空状态，氢是以一个个单独的原子状态存在的。

现在普遍认为宇宙是大爆炸诞生的，而大爆炸初期产生了大量质子（氢原子核）。宇宙经过七十万年的冷却后，质子和电子相遇，氢原子由此诞生。

在大肠内诞生的氢气

许多人不知道，每天都会有大量的氢气在我们体内产生。人体的大肠内有一种可以生产氢气的细菌。

因为人们吃的食物以及身体情况各异，每个人放屁的量是不同的。但每一次的量基本在几毫升到150毫升左右，而一天的总量大概是400毫升到2升。

屁的主要成分和比重是：喝到肚子里的空气中的氮气60%—70%，氢气10%—20%，二氧化碳10%，以及微量的氧气、甲烷、硫化氢、吲哚、脂肪酸、粪臭素等。

由此可见，在我们体内诞生的氢气量还是挺多的。一部分氢气作为屁的成分被排出体外，而剩下的氢气被身体吸收进入血液循环。如果你收集一定量的屁，用火是可以点燃它的，这是因为屁中含有可燃气体甲烷和氢气。

现在流行的“富氢水”

现在，“富氢水”备受人们关注。富氢水就是氢气以分子的形式融进水里。而氢气分子就是指两个氢原子结合后的物质，也就是H_2。比如说，电解水时，或锌和稀盐酸反应时产生的氢气气体就是氢气分子。

富氢水之所以成为热门话题，得益于日本医科大学的太田成男教授的研究。太田教授用试管培养的小白鼠神经细胞进行测试，发现1.2mg/m^3（mg为毫克的缩写，1g=1000mg）的氢气溶液可以还原活性氧，并消除其毒素。他以该研究内容为题撰写的论文于2007年在医学杂志《自然医院》上发表。

虽然有人指出试管水平的研究结果不足以完全充当医学证据，但在随后可信度更高一级的动物实验水平，也得到了相似的研究结果：氢气分子只会针对性地还原在活性氧中化学反应活性最高的羟基自由基，并消除它对细胞的威胁。

许多人认为只要是活性氧就是坏的，就该全部消除掉，但其实活性氧有很多不同的种类，并不是所有的都会对身体造成危害。每当我们呼吸时，都会有大量细菌和病毒的病原体进入体内。但即便如此，我们也不会天天生病，因为我们体内有免疫的防御系统。而在免疫系统中，就存在一些活性氧。由此可见，有一些活性氧也在为我们的身体保驾护航。

在此强调一下，太田教授的结论是，氢气分子不会破坏所有活性氧，它只会有针对性地攻击那些导致老化以及身体疾病的元凶——羟基。

关于是不是应该从身体外部摄取物质去消除体内的活性氧这个问题，我认为，现如今人们还不是非常详细了解体内活性氧的原理，最好还是保守一点。如果频繁借用外力干预，那么有可能导致我们体内的活性氧更难被消除。

如果有一天，有人做一个大规模调查，发现喝过富氢水的人身体都没有出现问题，并且的确达到了宣传效果，那么大家就可以放心饮用了。

我们对“消除活性氧即可抵御癌症”进行了一场关于摄取β胡萝卜素与患癌的大规模调查。而调查发现，特意摄取β胡萝卜素的人罹患癌症的案例很多。有些人通过蔬菜摄取了足够的营养，却还去吃保健品，过剩的营养可能就会引发一些未知问题。

大家不要忘了，我之前提到过没排出体外的氢气会被身体吸收，而你通过喝富氢水补充的多余氢气，就会进入我们的血液循环系统。

身边的氢气爆炸事故

我在几十年前还是学生时，曾亲身经历过氢气引发的爆炸事故。那是在我实习期间发生的事情。有一天放学后，我在理科实验室准备实验的时候，站在实验桌正对面的A同学正把火柴放在盐酸和锌发生反应的烧杯口，准备将生成的氢气点燃。我立刻对他大叫“住手！”并且下意识地蹲了下去，几乎是同时，传来了一阵震耳欲聋的爆炸声。理科实验室里的玻璃碎了一地。幸运的是，我们两个都没有受伤。

后来我研究生毕业来到了中学教书，我听说附近的小学发生了氢气爆炸，学生受了伤。这起事故发生在一节探索酸碱性溶液性质的课堂上。据说当时正在进行钢丝绒和酸溶液的实验，有个孩子划了桌上的火柴，在靠近发生器边缘时发生了爆炸。

还有就是某中学发生的事情。B老师是一名理科教师，他在上课时，让学生围在实验桌旁，观看烧杯中氢气的燃烧实验。第一节课成功了。第二节课时，氢气反应较弱，于是老师打开了三角烧杯的橡皮塞，注入了一些稀盐酸，而再点火时发生了爆炸。多名学生被玻璃碎片割伤。

飞艇爆炸烧毁事件

将收集好氢气的试管口朝下并点燃，会听到“梆梆”的爆炸声，在试管口附近会看到无色的火焰。氢气燃烧、爆炸后会生成水。

由于氢气是最轻的气体，过去曾用作飞艇的燃料。但自从“兴登堡号”空难事件发生以来，飞艇就不再用易燃气体氢气，而是改用安全性更高的氦气了。

1937年5月6日，在美国新泽西州莱克赫斯特海军基地，德国飞艇“兴登堡号”发生爆炸并烧毁，导致乘务员和乘客共35人、地上操作员1人遇难。看了事故视频后人们发现，飞艇并不是从内部突然爆炸的，而是火焰从外开始瞬间烧到内部的。

1997年NASA（美国国家航空航天局）的员工公开

声明了失事的原因：此次火灾的导火索是飞艇外部的涂层。“兴登堡号”为了防止外皮被阳光和大气氧化，在外部涂了一种含有氧化铁和铝粉的涂料。而氧化铁和铝粉被点燃后，会发生剧烈化学反应。现在多数意见认为表面的铝粉被静电产生的火花点燃，在涂层表面发生了剧烈的化学反应，而导致飞艇瞬间被烧毁。这个事故让人们对氢气望而生畏，但也许氢气只是替罪羊。

这个事故的原因，在今天依旧是个谜。用飞艇作为航空运输工具的时代也已经过去了。由于事故原因不明，人们之间流传着多种说法，现在依然有许多以此为原型创作的小说和电影。

太阳的能源来自氢的核聚变

宇宙大爆炸后，最先出现的元素是氢和氦。即便到了今天，纵观宇宙，你还会发现氢元素约占了全宇宙的四分之三，而氦位居第二，约占四分之一。氢和氦加起来一共占了宇宙的98%。顺便说一下，位列第三的是氧，第四的是碳。

氢元素在太阳以及其他恒星中参与核聚变，释放出光和热，因此氢也是宇宙的能量源泉。太阳内部的聚变反应是指四个氢原子生成一个氦原子的反应。但是，并不是反应一次就可以生成氦原子的。反应初期，先生成氘（原子核里有一个质子和一个中子），随后经过几个阶段才生成氦原子。

一个氦原子的质量比四个氢原子的质量少了0.7%，这是因为有一部分质量转化成了能量。在太阳内部，1秒钟有大约6亿吨氢原子变成氦原子。

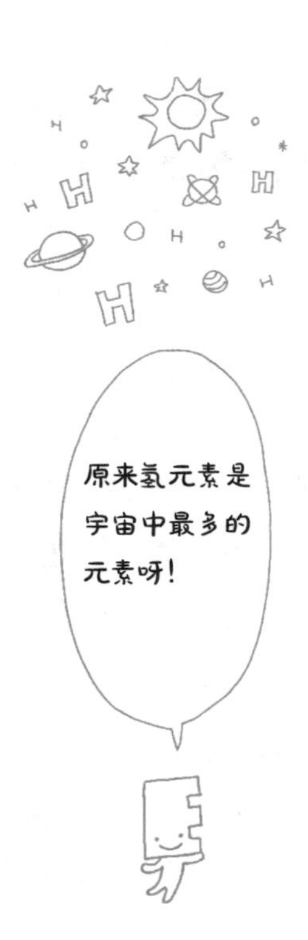

2 He 氦

Helium
相对原子质量4.003

名字来源于希腊语的helios（太阳）。

氦气是稀有气体中无色无味的气体。稀有气体的活性很低，基本不会生成化合物。尤其是氦和氖不存在化合物。虽然在整个宇宙中，氦元素的含量仅在氢元素之后，但在地球上却微乎其微。这是因为氦气只比氢气重一点，地球的引力无法吸引住氦气，氦气全部逃逸到了宇宙中。

氦气的沸点是－269℃，因此只有在接近绝对零度时（－273℃），才可以看到液态氦。现在液态氦的应用有磁悬浮列车的超导磁体以及实验室中的冷却剂等。

由于氦气比空气轻，氦气常用于制作气球和飞艇。天然气中氦的含量为1%左右，所以美国现在通过天然气工业提炼出氦气。

3 Li 锂

Lithium
相对原子质量6.941

名字来源于希腊语的lihos（石头）。

元素周期表最左边的1族元素氢、锂、钠、钾呈纵向排列。除氢以外的1族元素都是碱金属元素。

碱金属是密度较小、质地较软的银白色金属。锂就是碱金属之一。锂是所有金属中密度最小的，可以浮于水面。锂的密度是$0.53g/cm^3$，只有同体积水的一半重。

所有碱金属都会和常温下的水发生化学反应，产生氢气和氢氧化物。锂在碱金属元素中与水发生反应的剧烈程度是最低的，在产生氢气的同时会转变为氢氧化锂溶解到水中。

我们身边锂的应用就是体形小、性能高的锂电池了。我们手机上的可充电电池就是锂电池。它的缺点是造价较高，优点是小巧轻盈，许多机器厂商不惜提高成本，也要使用锂电池来生产小巧且性能高的机器。

如果将锂或锂盐插入无色的火焰中，火焰就变成美丽的红色，这就是焰色反应。可以发生焰色反应的金属有：碱金属、碱土金属（2族钙及其以下元素）、铜单质和化合物。在夏天烟火大会上绽放的五彩烟花，就是利用了焰色反应的原理。

有一个口诀可以帮助记忆发生焰色反应的元素和对应的颜色："K村没有车，想借动力，没人帮忙，只能用马力。"它的意思是说：很久以前，有一个叫作K的小村庄，这个村庄里没有小推车。村民为了借动力，跑到了隔壁的村，可是隔壁村不肯借，只能用马来当动力了。日文"小推车"就代表锂，焰色反应为红色；日文"没有"就代表钠，焰色反应为黄色；日文"K村"代表钾，焰色反应为紫色；日文"动力"代表铜，焰色反应为黄绿色；日文"借"代表钙，焰色反应为橙色；日文"不借"代表铯，焰色反应为红色；日文"马力"代表钡，焰色反应为绿色。[1]

[1] 本段为日语记忆口诀，口诀的日语发音提示了元素和颜色的发音。（译者注）

铍

Beryllium
相对原子质量9.012

名字来源于希腊语Beryllos（beryl）（绿柱石）。

铍是银白色金属，表面会生成氧化膜形成稳定状态。铍单质和化合物味甘甜，微量即可致死。通常铍被用于制作合金的硬化剂，其中有代表性的就是铍铜。由于铍的毒性很强，在加工中稍有吸入就会发生危险。

绿柱石上最美的部分就是宝石，最有名的就是祖母绿和海蓝宝石。这些宝石其实就是铍、铝、硅、氧组成的化合物。

象征纯洁之心的海蓝宝石备受人们喜爱，而它的名字是由拉丁语中的“水”（aqua）和“海”（marinus）演变而来的。海蓝宝石如同它美丽的名字一样，有着美丽海水的浅蓝色和极高的透明度。

由于海蓝宝石的透明度极高，即使你把它放在微弱的光下，它也会一闪一闪地反射出光芒。许多贵妇人喜欢戴着这海蓝宝石参加舞会，被人们称为“宝石之夜女王”。

5 B 硼

Boron
相对原子质量10.81

名字来源于阿拉伯语的buraq（白色）。

耐热玻璃的原材料

硼是带有黑色金属光泽的半导体。硼和铜、银等金属相比，导电性弱10—20倍，并且和金属相反，温度越高阻力越小。

硼酸水溶液有微弱的杀菌功能，过去曾被用于食品防腐剂或医用漱口水、洗眼液等，但由于偶尔会导致中毒症状（红疹、急性肠胃炎、血压降低、痉挛、休克等），现在已经停止使用了。硼酸也被用于制作驱蟑螂药，但宠物误食会导致死亡。

硼酸是硼硅酸玻璃（耐热玻璃）的主要成分。普通玻璃不耐热的原因有两个：第一，玻璃的热导率很低（不容易导热）；第二，温度不同热膨胀系数变化不同。

如果把热导率变大的话，就可以加速热量传导，可是现在的技术无法提高玻璃的热导率。因此，如果可以把玻璃做成这样的材质——即使升温，热膨胀系数也不会变大，那么玻璃就可以变得耐热且不易碎。如果热膨胀系数不随温度变化而剧烈变化的话，即使各个地方受热不均，玻璃也可以保持坚固。

小专栏

亚里士多德的四元素说

我们身边有各种各样的物质。自古以来，就存在一个问题：到底什么创造了世界万物？比如说，距今两千多年前，古希腊的哲学家们认为世界万物是由某几种元素（组成物质的本原）组成的。

其中有一位哲学家，他的影响力一直持续到了欧洲中世纪，他就是亚里士多德。他认为物质最基本的元素是“火、水、空气和土”，并且物质是可以无限细分下去的。

6 C 碳

Carbon
相对原子质量12.01

名字的起源有很多种说法，其中主流说法是来自拉丁语carbo（木炭）。据说词源来自印欧语族的ker（燃烧）。

碳与钻石

自古以来最让人们熟知的，几乎全部由碳构成的物质就是木炭。劈柴点燃后就会生成木炭。木炭是无定形碳，没有清晰的晶体结构。炭黑也是一种无定形碳，工业上可生产出粒子大小相近的炭黑。

其他全部由碳元素（碳的同位素）构成的物质，就是晶体结构和分子十分清晰的金刚石、石墨和富勒烯。

黑乎乎的木炭（晶体结构最明显的是石墨）和无色透明且坚硬无比的金刚石都是只由碳元素构成的，它们燃烧后都只会生成二氧化碳。我曾经做过一个实验，在石英管中放入金刚石，并通入氧气，使其加热燃烧，经过证实得到的全部气体只有二氧化碳。

碳的化合物多达一亿多种，并且碳化合物构成了有机物（有机化合物）的世界。碳作为生物体的主要构成元素之一，关系着生命的各种机能。淀粉、蛋白质和脂肪都是碳元素组成的化合物，也就是有机物。在自然界中，植物通过光合作用以二氧化碳和水为原料生产有机物；在海底热泉生态系统中，化学合成自营细菌在无法进行光合作用的地方可将无机物转化为有机物。这些有机化合物构成了生命体，也是我们生活能量来源。

天然纤维、合成纤维和塑料也是碳的化合物。石油、煤、天然气这样的化石燃料也是由有机物演变而来的。化石燃料燃烧产生的二氧化碳是温室气体，导致了温室效应。

固体二氧化碳——干冰

你买冰激凌时通常会被赠送一包干冰。干冰就是“干了的冰”的意思。在我们生活的标准大气压下，二氧化碳不会变成液态，而是从固态直接变成气态，因此被称为“干”，这样的变化被称为“升华”。干冰的正式名称是固态二氧化碳，也就是固体状态的二氧化碳气体。把白色干冰固体静置，它不会变成液体，而是变成二氧化碳气体，而干冰固体也逐渐变小。正是由于干冰有不会变为液体、温度在－80℃左右、小巧轻便的特点，经常被用作食品运输的冷藏剂。干冰被成功工业化大量生产是1925年美国纽约的干冰股份有限公司，当时将制成的成品命名为干冰。由于干冰的诞生，当时可以成功地运送冰激凌且保证其不融化。

日本从美国购入设备，于1928年开始制造干冰。

首先把气体压缩到很小，再从小孔中急速喷出，令其急剧膨胀，这样可让温度大幅下降（绝热膨胀原理），不断重复这个操作，就可得到干冰。这也是云形成的原理。

这样一来，二氧化碳就会由于加压变成液态。液态二氧化碳向容器中喷出后，会变成像雪一样的粉末状，并堆积在容器内。这时，被送入容器的液态二氧化碳的体积是干冰的二倍。因为有一半的干冰会吸热变回二氧化碳气体。而这些气体会被回收，再次作为制作干冰的原料。将容器内粉末状的干冰攥到一起，就得到了硬硬的干冰。

如果把干冰放在玻璃瓶内密封，玻璃瓶也许会发生破裂，这样的事故发生过很多次，但即使放进塑料瓶中也是危险的。曾经有一些高中生制造恶作剧，把水和干冰装进一个塑料瓶并密封起来，随后就发生了爆炸。我请电视台做过一个实验，还原这个恶作剧，结果发生了大爆炸，碎片飞到了十几米远的地方。

富勒烯的发现

今天的科学研究中，碳的同素异形体分别有无定形碳、石墨、金刚石这三种。大家普遍认为：碳是一个十分常见的元素，已经被研究得很充分了，不会再有其他的同素异形体了。

但令人意想不到的是，一种由60个碳原子构成的含有12个五边形和20个六边形的球体被发现了，它的形状酷似一个精美的足球（1985年，英国波普学家克罗托和美国科学家理查德·斯莫利共同发现，并因此于1996年获得诺贝尔化学奖）。

其实，在这个分子被发现的15年以前，日本的大泽映二博士就曾经预言过它的存在。后来，C70、C76、C78、C84等碳元素更多的分子逐个被发现。不光有球状结构，还有筒状结构，比如碳纳米管，而这些分子统称为富勒烯。现在有很多研究者都在探索：其他原子插入这些分子内部空间后，产生的新分子的物理、化学性质以及在医学上的应用。

又轻又软又结实的碳纤维

碳纤维是仅由碳元素构成的、黑色、直径只有头发十分之一的细小纤维。碳纤维可以被织成布。虽然碳纤维很少被单独使用，但它经常和塑料、陶瓷以及金属共同使用组成复合材料，制作成耐用度高、轻便的材料。由于它比金属轻、强度高、耐用度高的特质，飞机、火箭、人造卫星、汽车、渔竿、高尔夫用品、网球拍、自行车架、帆船、文具、精密仪器等在制作时都会使用。

小专栏

元素与原子1

一种纯物质，如果无论用任何化学方法都无法将其分为两种以上的物质，且无论任何两种及以上的物质如何组合也无法构成这个纯物质时， 这个纯物质就被定义为元素。

比如，氢和氧就不可能再分成其他物质，所以它们属于元素。

7 N

氮

Nitrogen
相对原子质量14.01

硝石（Nitrum）的主要成分中含有氮元素。硝石和生成（gennao）组合起来就是其名字起源。

氮氧化物、氨气、氨基酸

氮气是无色无味的气体，约占地球大气的78%。氮气在－196℃会发生液化，而液氮常被用作冷却剂。工业上通过分馏液态空气得到液氮。

氮气在常温下是惰性气体，但在高温条件下会和氧气发生反应，生成多种氮氧化物。氮氧化物统称为NOx。NOx正是导致酸雨的罪魁祸首。

汽车的引擎内，空气被加热就会生成一氧化氮（NO）。无色的一氧化氮难溶于水，但它在空气中会立刻被氧化生成二氧化氮。二氧化氮是棕色气体，易溶于水，有刺激性气味，有剧毒。

其他含有氮元素的化合物有氨气、硝酸和氨基酸。

氨气是无色、有刺激性气味，比空气略轻，非常易溶于水的气体。氨气水溶液（氨水）呈弱碱性。氨气可以制成硝酸、化肥、染料等多种含氮化合物。硝酸是一种强酸，是强氧化剂，可溶解铜、汞和银等金属。

我们体内的血液、肌肉等成分中含有的蛋白质，以及促进化学反应的酶都是由含氮元素的氨基酸构成的。氮元素是生命体所必需的元素之一。

液氮可冷却多种物质

从盛有液氮的大保温瓶中取一些液氮倒入桌上的烧杯中，如果你认为倒入烧杯中的液氮是静态的液体就大错特错了，事实上它正在杯中剧烈沸腾。

把橡胶球（软网球）放到液氮中再拿出，橡胶球会变得像石头一样硬。如果此时把这个球从高处扔到桌子上，会发出巨大的响声，这个球也会碎成很多块。敲击碎片会听到金属声，并且十分锋利。就好像用锤子敲碎陶瓷产生的碎片一样锋利。

如果把花瓣放到液氮中，就会发出像炸天妇罗时的声音，液氮会急速沸腾。将花瓣取出后，用手指稍微一碰，花瓣就会瞬间变成碎片。但如果静置一会儿，橡胶就会恢复弹性，而花瓣也会恢复它的柔软。

用液氮冷却装有二氧化碳的塑料袋，就会得到一袋白色粉末，也就是干冰；冷却装有氧气的塑料袋，就会得到一袋淡蓝色的液氧。

固定空气中的氮

虽然空气中78%的成分都是氮气，但大部分生物是无法使用它的。只有一部分原核生物可以进行固氮。比如与豆科植物根茎共生形成根瘤的根瘤菌，或单独通过光合作用进行固氮的光合成细菌和蓝藻。

可以固定氮的生物都拥有固氮酶。固氮酶按照构成其活性的主要金属可分为三种，分别是含钒、钼、铁。固氮的生物通过固氮酶把氮分子转化为氨气。

人类在1912年开发了哈伯-博施法，将空气中的氮气合成氨气、化肥和火药等。

化肥的三要素是氮、磷、钾。氮是植物细胞中蛋白质的主要成分。如果氮不足，那么叶子和茎会发育不良，比如叶子变黄等。

8 O

氧

Oxygen
相对原子质量16.00

名字起源于希腊语的oxys（酸）+ gennao（生成）。

氧是酸的必需成分？

氧气是无色、无味、无臭的气体，可与许多元素生成氧化物。氧气约占空气的21%，许多生物通过摄取空气中或溶于水的氧气来维持生命活动。其中一部分氧在体内生成不稳定、容易发生化学反应的活性氧，它也是导致生命体老化、基因损伤、炎症的原因，但我们体内也有活性氧的防御机制。

此外，氧在海水中以水的形式存在，在岩石中以二氧化硅的形式存在。氧是地壳中含量最多的元素。

工业上通过液态空气分离法获得氮气和氧气。炼钢时需要很多氧气，用高温火焰来切断或焊接钢材的氧乙炔喷焊器以及医疗上也需要用到氧气。法国法学家安托万-洛朗·德·拉瓦锡（1743—1794）以“oxygene”命名了氧气，直译过来是“制作酸的东西”。拉瓦锡把硫、磷和碳燃烧后溶于水，得到了酸。由此，他认为酸中一定要有氧元素。随后，像盐酸这种不含氧的酸被发现，证明酸的必需成分是氢元素，不是氧，但这个名字没有变，一直流传至今了。

液氧可以被吸铁石吸住

工业上运用沸点不同的原理，用液态空气分离氮气和氧气。液氧呈淡蓝色，并且带有强顺磁性，可以被强力磁铁吸附。

液氧也有一些不得不注意的危险性质。液氧与碳素粉、棉花等可燃物一起点燃后，会剧烈燃烧，如果把它们放在一个密闭容器内点燃，就会引发大规模爆炸。大学的化学物理实验室中经常发生类似的爆炸事故。过去，人们曾利用液氧的这个性质，在施工中用液氧爆炸代替炸药。

臭氧层对人类有益，但臭氧有害

氧气的同素异形体臭氧，在平流层（高度在20—

25km）的含量为万分之一，构成了臭氧层。臭氧层的含量在一个标准大气压下换算的话，厚度仅有4mm。但正是这个薄薄的臭氧层，帮助生物阻隔了有害的紫外线。海洋中的植物通过光合作用产生的氧气和太阳释放的紫外线共同生成了臭氧层，为地球上的生物打造了一个安全的生存环境。

近年来，臭氧层在逐渐变薄，并且臭氧层上已经开始出现了空洞。

复印机等工作时的放电，就可以让空气中的氧气分子变成臭氧。臭氧的氧化性很强，并且对人体有害。

9 F

氟

Fluorine
相对原子质量19.00

名字来源于拉丁语中的fluo（流动）。在冶炼中将萤石加入金属矿石可以降低矿石的熔点，萤石和氟包含有拉丁语中表示流动的词根fluo。

氟是卤族元素中最轻的气体，呈淡黄色，有特殊气味，活泼气体，氧化性强，有剧毒。

在某个原子和其他原子结合时，不同的原子，其自身吸引电子的能力强弱也不同。而表示电子强弱的尺度就是“离子性”，氟的离子性最强。氟几乎能把所有元素氧化成氟化物，而这正是因为它吸引电子的能力极强。就连稀有气体元素氙和氪都能被氟氧化为氟化物。

氟元素的发现伴随着一个个悲伤的故事。1800年，意大利的物理学家伏打（1756—1827）发明了电池（伏打电池）。英国化学家戴维（1778—1829）用伏打电池进行电解，于1806年依次分离出钾、钠、钙、锶、钡、镁和硼。但是，他在1813年进行实验时，不慎吸入泄漏的氟，中毒而致健康受到严重损害。

爱尔兰科学院的诺克斯兄弟在实验中氟中毒，其中一人在病床上躺了三年。

还有很多挑战分离氟单质的化学家都因氟中毒死亡，终于在1886年，法国化学家莫瓦桑（1852—1907）成功分离出氟单质。他选择液化的氟化氢作为电解液，在萤石质地的反应容器中用白金电极进行电解，终于成功获得了微量的氟单质。莫瓦桑因此获得了诺贝尔化学奖。

含氟牙膏是什么

牙膏中添加的氟是氟化钠和氟乙酸钠等氟化物，对牙釉质发挥作用，使牙齿更加坚固。

为了预防蛀牙，人们将这些氟化物涂到牙齿上。

可是，这样做到底对我们好不好，还存有争议。从出生到八岁是牙齿的形成期，如果这期间一直喝含有高浓度氟化物的水的话，牙釉质上有可能会出现白色的斑点或暗沉，严重的话牙齿会出现牙菌斑，让牙齿看起来像变成了浅棕色。其实，在非洲和印度，人们的饮品中就含有大量氟。

可以溶解玻璃的氟化氢溶液

虽然我教初高中化学已经很多年了，但还是有几个实验不敢做，其中就有产生氟气的实验和生成氟化氢溶液的实验。在暗室中，把氟气和氢气按1:1的比例混合后，遮光拿出暗室，取下遮盖物后就会引发爆炸。氟化氢溶于水，含50%的氟化氢水溶液就是氢氟酸。我也不想碰关于氢氟酸的实验。

氢氟酸可以溶解玻璃，所以不可以放在玻璃瓶中保存，可以放在聚四氟乙烯或聚乙烯材质的瓶中保存。

在玻璃板上涂上石蜡，用铁笔刻上文字或图案，再涂上氢氟酸，这样一来，铁笔刻过的地方因为没有石蜡的保护，玻璃会被氢氟酸溶解而凹陷下去。随后，把石蜡擦除，就可以得到一块刻有文字或图案的玻璃了。理科实验中用到的玻璃器皿上的刻度也是用氢氟酸做出来的。

氢氟酸具有极强的腐蚀性，可用于雕刻玻璃、去除半导体硅表面的氧化物、金属浸酸去杂质等工业领域。但是皮肤一旦接触氢氟酸，就会溃烂坏死，并不断渗透直到骨头被溶解。2013年，发生了一个男子因求爱不成，往女子鞋里涂抹氢氟酸，导致女子五根脚趾坏死被迫切除的惨案。

神奇物质氟利昂的衰败

氟利昂是一个或两个、三个相连的碳原子与氟原子和氯原子结合的一类化合物的总称。氟利昂易气化、无毒、不可燃，曾被视为神奇的物质，广泛应用于冰箱、空调制冷剂、喷雾发泡器、半导体清洗剂等。

但后来，人们发现氟利昂会导致臭氧层变薄。氟利昂抵达平流层后，立刻从臭氧那里夺取氧元素，破坏臭氧层。因此，世界各国联合抵制生产制造氟利昂，并开始使用氟利昂替代品。无论是哪一种氟利昂替代品，都是温室气体（把太阳的热量留在地球上，使地表温度升高的气体），因此废气回收非常关键。现在很多发达国家已经计划在2020年全面废除使用氟利昂替代品，并致力于寻找新的制冷剂。

用于耐热材料、药品的氟树脂

氟树脂是分子结构中含有氟原子的一类热塑性树脂的总称。用特富龙（美国杜邦公司定的商标名，正式名称为聚四氟乙烯）等可以制成炊具、电饭锅、电平底锅、火锅等。用氟树脂加工的锅不易粘黏食物，因此做饭时可以少用或不用油，做完饭清理时也十分容易操作。

10 Ne 氖

Neon
相对原子质量20.18

源自希腊语的neon（新）。这是一个新发现的元素。

让室外广告亮起来

氖是稀有气体中无色无味的气体，化学性质不活泼，大气中的含量为0.0018%，是继氩之后第二多的稀有气体元素。

稀有气体氖气在低压放电时，会产生漂亮的红光，因此被应用于霓虹灯。红色霓虹灯是将氖气封存进去，亮白色、蓝色和绿色的霓虹灯是将氩气、水银蒸气封存进去，并在玻璃内层涂上荧光粉得到的。如果想得到更深的颜色，可以使用带颜色的玻璃管。

1907年，法国科学家克罗德（1870—1960）在液体空气中成功提取出了大量氩气和氖气，三年后霓虹灯问世。

世界上首次使用霓虹灯做广告牌的是1912年的巴黎蒙

马特尔街上的一家小理发店。

根据日本氖气编纂委员会于1977年发行的《日本氖气》记录，日本首次使用霓虹灯是在1918年（大正七年），东京银座一丁目的谷泽包店。如果你上网搜索的话，会出现“株式会社 银座tanizawa”，现在依旧在销售各式皮包。

小专栏

元素与原子2

我们已经知道万物都是由原子构成的，而元素也是基于原子定义的。

每个元素都有对应的原子，元素象征着原子的种类。

天然存在的元素约有90种，将人工合成的元素计算在内共有118种，而每个元素都在元素周期表中有自己的位置。

11 Na 钠

Sodium
相对原子质量22.99

来源于拉丁语的natron（碳酸钠）。sodium来自阿拉伯语的suda（头痛药）。

把一大块钠放到水里后……

钠是碱金属中质地软、银白色的金属。钠的化学性质非常活泼，容易和空气中的氧气反应，遇水也会发生激烈反应，因此需要放到煤油中保存。

将含钠的化合物放到无色火焰中加热时，会出现黄色的焰色反应。隧道中的黄色照明灯就是钠灯。

岩石和海水中富含钠盐。食盐就是我们身边最常见的一种钠盐。味精中的谷氨酸钠、泡打粉中的碳酸氢钠（小苏打）、肥皂都是钠的化合物。洗涤灵或者食品添加剂中的成分上只要显示—钠，或者—Na，就包含钠盐。

通常情况下，我们的细胞外液中富含钠离子，细胞内液中富含钾离子，它们成对出现，与我们身体的调节密切相关。

我还在读高中的时候，有一次老师让我处理没用的钠。老师给我的是一个装有几个钠块的瓶子，但里面的煤油已经失去作用，钠的表面已经变得硬邦邦了。

那所高中的校园里有一条小溪。这条小溪与神田川相连，流向东京湾。我首先把小块的钠扔到了小溪里。随后，钠像爆炸一样，出现一道水柱。之后，我又向水里扔了大块的钠，发生了爆炸，激起很高的水柱。可是我并没有停下，直到我把所有钠都投进了水里。

当时校园里的小溪很脏，根本看不出来有鱼生活在里面，并且发生爆炸时，也没有鱼被炸上来。然而，当钠和水反应以后，就生成了氢氧化钠，小溪的部分水质变成了强碱性。我的行为让小溪的水质更加恶化了。请大家千万不要学我。

理科课上会进行黄豆大小的钠和水反应的实验。钠放到水中，会在水面上迅速游动，并伴有轻微的嘶嘶声，产生氢气，最后变成无色透明的小球。小球就是反应得到的氢氧化钠，它一旦进入眼睛，就会让人失明，所以实验时要佩戴防护镜。

用钠来做爆米花？！

美国有一本*Mad Science*的书中有一篇题为《用剧烈方法制作食盐》的实验很吸引我。

从氯气储气瓶中向反应容器倒入氯气，反应容器中会产生大量白烟。反应容器的上方挂有一个放有爆米花的塑料网。反应容器中提前放置着软软的银白色金属钠，氯气就是通向这里的。于是就会发生钠+氯气→氯化钠的剧烈反应，白烟状的氯化钠就会给上面的爆米花加上咸味。

这本书是我的朋友高桥信夫翻译的，他从作者那里听到了实验背后的故事：白烟的温度过高，把塑料网给熔化了，结果爆米花到处都是。

我曾经做过小规模的钠和氯气反应的实验：加热装有钠的试管，并导入氯气。试管内发生剧烈反应，并产生氯化钠。

天然盐的制作方法

日本的制盐从弥生时代（公元前300—公元250）就开始了。人们把海水撒向沙地，水蒸发后就得到盐的结晶。古代的技术虽然简陋，却也能成功地制盐。

海水的主要成分除了食盐（氯化钠），还有导致海水很苦的卤水，也就是矿物质成分。因此，如果只单纯蒸发海水，就会得到有矿物质混合的食盐，也就是很苦的盐。

所以，制盐时就要尽量不让这些矿物质混入其中。幸运的是，煮干海水后，首先析出的就是氯化钠。但是其中还是会混有少量矿物质，尝起来略带苦味，人们也因此认为“天然盐”好吃。并且，从营养层面来说，天然盐中含有人体需要的镁等矿物质。

尽管如此，还是存在一些问题。海水中盐分析出的饱和浓度必须达到30%，但实际上海水中盐分的浓度只有3.5%，也就是说，必须把海水浓缩10倍。如果用上全部燃料煮干海水的话，成本太高。所以，首先需要用其他方法来制作较浓的海水（苦卤水）。

距今约1200年的平安时代以前，人们把干燥的海藻表面的盐分冲洗到陶器中，或者将烧干的海藻灰浸入海水中，再用布过滤等，制造苦卤水。

随后，在平安时代鼎盛时期，人们将海水洒到用沙子做成的盐田，并不断地搅拌，通过太阳照射蒸发水分。然后，人们将含盐的沙子收集起来，再用海水冲洗，就得到了苦卤水。

除了盐沙以外，人们还可以用泵让海水在立体的树状装置上流过，通过太阳照射或者风来蒸发水分，得到苦卤水，再把得到的苦卤水重复使用，得到更浓缩的苦卤水。这样一来，就无须过多人力来搅拌盐沙，大大提高了生产效率。并且，即使天气不好，也可以利用风力来蒸发，这使得盐的定量生产成为可能。20世纪70年代，人们开始使用阳离子交换膜这种高分子材料制作苦卤水，在蒸发时使用真空蒸发法，节约了燃料。

“文殊号”的钠泄漏

1995年12月8日，快中子增殖反应堆“文殊号”（位于日本福井县敦贺市，电力输出功率为28万千瓦）发生钠泄漏，引发了火灾。

这个反应堆的冷却剂不是水，而是液态钠。事故的直接原因是温度探测器的接管断裂，造成液体钠通过温度计的管子泄漏到系统外，和空气中的水蒸气发生反应，导致火灾。

快中子增殖反应堆可以将核燃料不能用的铀238高效率转化成钚239，从而生成更多燃料，但美国、英国、法国、德国以及研究快中子增殖反应堆的其他国家，都处于终止计划阶段，因为用于冷却的钠太难控制了。

小专栏

同位素被发现后，元素的概念更加明确

以实验为中心的元素定义即“用普通的化学方法不能使其再分解的物质就是元素”是有限制条件的。氢和氘是同位素关系，但是用电解这种普通的化学方法是可以将其分开的，而按照这个定义的说法，氢和氘就变成两种元素了。

因此，我们需要从原子性质的角度重新定义元素：元素是质子数相同的一类原子的总称。

其实，“元素”使用起来有时候有些模棱两可。比如你说“氧”，你到底是在说氧元素、臭氧的单质、氧气分子还是氧原子，这还需要语境来判断。

12 Mg 镁

Magnesium
相对原子质量24.31

来源于希腊语中的Magnesia（地名）。在Magnesia这个地方拿到的白色石头中有镁。

烟花中银白色的光

镁是银白色金属，曾经用于照相机闪光灯。粉状、条状和带状的镁点燃后，会与氧气结合，放热发出耀眼白光。

镁在常用金属中，是继铝、铁后地壳中含量最多的金属。镁的应用品中，一半都是添加了镁的合金（比如硬铝）制成的东西。随后，镁合金被面向轻量化生产的压铸法使用。所谓压铸铸模，是将熔化的金属施以压力注入金属模型的铸造法。生活中应用铸造法的有汽车的车轮、方向盘杆、座椅框架、笔记本电脑机壳、照相机、手机等。

绿色植物中都含有镁元素，这是因为植物的绿色是镁化合物（叶绿素）显示出来的颜色。叶绿素是植物光合作用所必需的物质。

镁也是动物所必需的金属元素之一。

烟花利用了镁的燃烧原理。烟花在天空中飞散出很多“星星”，而这些“星星”的颜色是许多化学元素发生的焰色反应，其中也有银白色。但这银白色并不是焰色反应，而是镁、铝等金属粉末燃烧时在高温下产生的光芒。

卤水点豆腐

卤水就是海水蒸发后将食盐提取后剩下的苦水，主要成分是氯化镁。卤水可以把豆浆固定变成豆腐。

如今，豆腐凝固剂不止有氯化镁（卤水），还有硫酸钙、葡萄糖酸内酯、氯化钙、硫酸镁等。豆腐标签上会标出食品成分。

硬水、软水

饮用水可以按硬度分为软水和硬水。如果水中富含钙和镁，就是硬水；几乎没有钙和镁就是软水。

自来水和瓶装水为硬水的水源多在石灰岩地区，比如日本的冲绳地区就是硬水。冲绳是珊瑚礁构成的岛，而珊珊礁是由石灰石构成的，其中包含很多钙。但日本本土一般都是软水。富含镁的水会导致腹泻，因此含镁化合物经常被用来制成预防便秘的药。

13 Al 铝

Aluminium
相对原子质量26.98

古希腊和古罗马把矾称为alumen（苦盐）。

1日元的成本在1日元以上?

铝是银白色金属，很轻，质地软，延展性（可以拉长、拉宽）好，可制成很薄的铝箔。家用的铝箔纯度是99%，而一日元硬币的铝纯度是100%。铝的导热性很好，因此被用于锅和水壶。我们最熟悉的应该就是饮料和啤酒的易拉罐了。铝反射光的能力很强，被用于公路上的转弯镜、天文台的反射望远镜的镜片等。在拿破仑时代，铝比金还贵，但现在铝是非常便宜的金属。

铝的用途很广泛，而这也要感谢其表面致密的保护膜氧化铝。氧化铝让铝表面很难生锈。铝加上4%的铜和少量的镁或锰构成的合金就是硬铝，质量轻但坚固，被用于制造飞机的机体。

氢氧化铝可以中和胃酸（盐酸），被用于制作胃药。

1日元硬币是纯铝，外直径为20mm，重量正好1g，厚度为1.5mm。因为正好一个是1g，美国理科教材网站上，曾贩卖过1日元硬币砝码。

因为硬币的成本并没有公布，所以我不知道制造一个硬币所要花费的准确成本。但是，制造1日元是亏本的，这的确是事实。原材料铝的成本就接近1日元了，而把铝制成硬币还需要更多的成本，算下来大概需要2—3日元。

锡纸的正反面

我们平时用的锡纸看起来是分正反面的。正面很光滑，反面有些亚光的感觉。在制作很薄的锡纸过程中，就会出现正反两面。

制作锡纸时，先把铝块加热并不断延展。经过几个阶段后，被延展的铝进入圆筒形的铝箔轧机，随之变得更加纤薄。

家里用的锡纸厚度为0.015—0.02mm，非常薄。如果只单独制作一张，很难将它碾压成如此薄。因此将一张锡纸压到某种程度后，再取另一张锡纸，两张重叠起来再继续碾压。因此，两张锡纸相对的面成亚光面，而被碾压机压的面就变为光面。这样一来，锡纸就有了正反两面。

22岁青年的发明

1807年，英国化学家戴维成功提取出了钠和钙。他利用已经发明出来的原料电池，将液态氢氧化钠和氢氧化钙成功电解。

钠和钙有很大的还原性，当时很难从金属化合物中提取出来，而戴维的方法成了提取金属有力的方法。随后，铝也用这个方法被成功提取。因此，这样得到的铝比黄金还要贵重。

那么，现在人们是怎么提取金属的呢？

铝土矿是富含铝的矿石，其中富含40%—60%的氧化铝（明矾）。因此，人们要熔解氧化铝从而提取纯净的明矾。但是，要想熔化氧化铝，温度必须达到2000℃以上，十分困难。

而敢于挑战这个难题的，正是美国的霍尔（1863—1914）。他从大学时开始自己的研究，大学毕业后在父亲建造的小木屋中继续做他的实验。他猜想会不会有办法可以熔解氧化铝。他想到了冰晶石。

冰晶石是由钠、铝和氟组成的化合物，是乳白色固体，可以在格陵兰岛得到。

如果把熔点为1000℃的冰晶石加热至熔融状态，再向其中加入氧化铝的话，大概有10%的氧化铝会熔解。若是在此液体中插入电极进行电解，我们就会在阴极看到析出的铝单质。这是1886年进行的实验。两个月后，法国的埃鲁（1863—1914）也发现了这个方法。他是完全独立地发现了相同的方法。而且，两个人都是22岁的青年，他们在各自的国家都拿到了知识产权。

现在工业制铝正是使用了这两人发现的方法（霍尔-埃鲁法）。炼铝需要耗费很多电力，因此铝的回收再利用非常重要。全世界金属铝的年产量为2000万吨，而这些铝几乎全被回收再利用。

阳极化处理

铝容易和空气（氧气）和水发生反应，但自然放置时，表面会生成一层致密的保护膜，也就是“锈”。这个“锈”可以防止金属进一步被腐蚀。

人工可以将这个氧化薄膜加厚，使得铝更加结实，这就是铝制品，比如在铝合金门窗表面通过阳极化处理，使得铝在阳极被电解，加厚氧化铝薄膜。

阳极化处理是日本人的发明。为了让铝制饭盒更加结实，也对其进行了阳极化处理。

硬铝

铝合金中最广为人知的就是硬铝了。硬铝中除了铝以外，还包含4%的铜，还有些许镁、锰、硅等，加热到500℃左右后，迅速冷却，合金元素就会熔于铝，成为一整个固体。放置一段时间后，铝原子和铜原子按照2:1的比例析出结晶，发生位错运动，增加金属强度，这种现象叫作沉淀硬化，是1910年德国的威尔姆偶然发现的。

硬铝在第一次世界大战时，被德国人用于制作飞机骨架。除了硬铝，还有性能更好的超硬铝和超超硬铝。

超超硬铝是1936年日本的住友金属工业开发出来的，被应用于零式舰上战斗机的主翼。现在，硬铝经过不断地改良，已经成为最强力的铝合金了。

绣球花色的变化和铝

大家都知道，绣球花的颜色是会变的。这种花的色素主要成分是花色素苷。即使是在同一株绽放的花朵，颜色也不同，而刚开始开花和即将花谢时，花的颜色也不同。这与种植绣球花土壤的酸碱性相关。受到绣球花中辅助色素和土壤中铝含量的影响，花朵在酸性土壤中偏蓝色，在酸性较弱的土壤中则偏红色。

14 Si 硅

Silicon
相对原子质量28.09

来源于拉丁语的silex（打火石）。硅的词源来自荷兰语keiaard的音译。

硅与半导体

硅是拥有灰色金属光泽的结晶。最开始，硅被误解为是金属，但其实它是半导体。硅是半导体材料和太阳能电池的材料。现在电脑硬件中心位置的电路板也是由硅制作的半导体。电子信息产业的聚集地——美国加州北部硅谷的名称由来，也正是因为硅是其中的主角。

作为地球的主要构成元素，硅在地壳中的含量十分丰富。硅是继氧后，地壳中含量第二多的元素。

硅的代表性矿物是石英（二氧化硅）。石英中有结晶部分的就是水晶。石英的英文是quartz，人们也在使用刻有准确时间的石英手表。石英玻璃用于制作光纤，对信息化社会中的光通信做出了很大的贡献。

硅氧树脂，是一种具有高度交联结构的热固性聚硅氧烷聚合物，写法上和硅有些接近，请大家注意区分。[1]

硅氧树脂材料包括硅油、硅胶、硅氧树脂等。所有材料都具备出色的耐热性、耐药性、防水性、绝缘性、耐老性，其中硅胶被用于制作填充剂和牙医用的某些工具。

硅真的是支撑
现代社会的重
要元素呢!
Si

[1] 日语中硅是シリコン，硅树脂是シリコーン，很相似。（译者注）

15 P

磷

Phosphorus
相对原子质量30.97

来自希腊语的phos（光）+ phoros（搬运物）。

用于火柴和植物的肥料

磷分为白磷（黄磷）、红磷、黑磷等同素异形体。白磷，是白色发黄的蜡状固体，有恶臭，有毒。白磷在潮湿的空气中会和氧气反应发出光。我们身边也有磷，比如火柴盒侧面的红色物质就包含红磷。

磷的化合物可作为植物的肥料。如果植物缺磷，就会停止生长，无法结出果实。有机磷化合物可作为神经毒气的主要成分、杀虫剂等。曾经，磷的有机化合物被制成毒气，东京地铁沙林事件中用的沙林就是磷的有机化合物。

一个体重为70kg的成年人体内含有700—780g的磷。骨头或牙齿中含有的羟磷灰石就是含有磷和钙的化合物。

细胞中的遗传基因DNA，是由磷化合物和糖组成的双螺旋结构物质。磷的化合物在生命活动中发挥了重要的作用。

早期的火柴，是将黄磷、氧化剂和可燃剂都涂到火柴棍上，在任何地方轻轻一划就能点火。在西部电影中，我们可以看到这种火柴的身影。

但由于黄磷有毒，使用时较危险，1906年被禁止制造。现在的黄磷是由红磷覆盖在白磷表面得到的，因此其性质和白磷相同。

现在的火柴盒侧面的红色部分，是红磷和硫化锑的混合物。火柴棍的头部是由氧化剂（氯酸钾）和可燃剂（硫）以及摩擦材料（玻璃粉）组成的混合物。这样的火柴被称为安全火柴。用火柴头在盒子侧面红色部分轻轻一划，摩擦生出的热量会氧化红磷，反应释放的热量使可燃剂在氧化剂的帮助下燃烧，再顺着火柴棍一直燃烧下去。

16 S 硫

Sulfur（斜方硫）
相对原子质量32.01

来源于拉丁语sulpur（硫黄）。

硫黄味道的真相

硫有许多同素异形体，其中最常见的黄色晶体就是斜方硫，是拥有黄色树脂光泽的晶体。此外，还有单斜硫和橡胶状硫。

火山口附近可以看到硫，是史前人类非常熟悉的元素。从温泉流出的硫沉淀被称为“温泉之花”，成了温泉特产。

过去，人们从火山地带开采工业用硫，现在人们用石油进行脱硫操作得到硫。硫燃烧后得到的二氧化硫是造成大气污染的原因之一，因此石油都要进行脱硫操作。而脱硫得到的硫黄完全够用，就不需要再去采集天然硫了。

酸雨是氮氧化物和硫氧化物与水反应生成的硝酸、亚硫酸和硫酸的混合物。

强酸之一的硫酸也可通过硫黄来制成。把燃烧硫得到的二氧化硫通过催化剂钒生成三氧化硫，并让其被浓度为98%的硫酸吸收，制成发烟硫酸。硫酸是化学制品的重要原料之一。

大蒜、洋葱、芥末、萝卜、卷心菜等带有的独特刺激性气味也是来源于硫化物。当煤气泄漏时，你会闻到特殊的刺激性气味，这也是特意加入的硫化物导致的。

构成我们身体的蛋白质中也富含硫。指甲、头发中也含有非常多的硫。烫发时，头发中的硫键通过化学反应发生断裂，再形成新的硫键。

维生素B_1和盘尼西林分子中都含有硫。

你走在温泉边，经常听到“有硫黄的臭味”，其实正确说法应该是“硫化氢的臭味”，因为硫黄本身是无味的。硫化氢经常被形容成“臭鸡蛋味”，但平时我们很难见到臭了的鸡蛋，所以有点难以想象。

那么，我用煮鸡蛋的味道来形容一下。当你剥开煮好的鸡蛋时，散发出来的味道就是硫化氢的味道。

生橡胶与硫的邂逅

据说第一个把橡胶传到欧洲的人是哥伦布（1451—

1506）。1493年，哥伦布第二次航海时登陆波多黎各和牙买加，看到当地住民正在玩弹得很高的球，非常吃惊。

生橡胶在高温下很软，低温下又变得很硬，使用起来很不方便。但如果向其中加入硫黄，橡胶的弹性就会提高，变得很结实。橡胶通过加硫操作，品质得到了大大的提高。硫在呈带状相互交错的橡胶分子中充当了一架桥的角色，使橡胶变得更有弹性。

加硫操作不仅提高硫橡胶的弹性，还增加绝缘性、防水性和持久性。加硫操作可谓是橡胶应用历史上划时代的发明了。没有加硫的橡胶（生橡胶）一旦发生形变就不可复原，但加硫以后弹性增加，又可以恢复原状。

而让橡胶弹性飞跃式增加的，是美国的查尔斯·古德伊尔（1800—1860）。他在1839年的冬天偶然地把硫黄掺到了橡胶中并加热，于是发明出了这种加硫技术。

令诺贝尔奖获奖人田中耕一震撼的实验

市面上贩卖的浓硫酸是浓度约为96%，密度为$1.84g/cm^3$（15℃）、黏性较大、无色、不挥发的液体。浓硫酸遇水稀释时，会释放大量热，因此在稀释时，需要用玻璃管引流将浓硫酸倒入水中。如果向浓硫酸中兑水的话，会由于过热而产生飞溅，十分危险。

浓硫酸可以将许多化合物中的氢和氧原子按照2:1的比例（也就是H_2O）脱去，这就是它的脱水作用。

关于浓硫酸的脱水实验，诺贝尔奖获奖人田中耕一在小学时从恩师那里看到过一个令他震撼的实验。就是在蒸发皿中放入白糖，向其中兑入数滴浓硫酸的实验。静置一会后，蒸发皿中一边散发热气，一边向上不断涌出黑色固体。这是因为浓硫酸脱去了白糖的主要成分蔗糖$C_{12}H_{22}O_{11}$中的氢原子和氧原子，只剩下了黑色的碳。

17 Cl 氯

Chlorine
相对原子质量35.45

来源于希腊语的chloros（黄绿色）。

危险，不要混合！

氯是卤族元素中带有刺激性气味的黄绿色气体。氯气化学性质活泼，因此在自然界不存在单体，全部都是化合物。

食盐的主要成分氯化钠、盐酸（氯化氢）都是含氯化合物的代表物质。塑料袋的主要成分聚氯乙烯也是含氯化合物。漂白剂、干洗店的洗衣液也是含氯化合物。

氯气和盐酸的化合物有杀菌作用，因此被用于下水道和游泳池的消毒剂。它的使用浓度不高，不会对人体造成伤害。

聚氯乙烯管等含氯塑料燃烧后，会生成一种叫作二噁英的物质。二噁英也是含氯化合物的一种，毒性很高。

我们的胃中分泌的胃酸是盐酸，起到消化、杀菌的作用。

如果空气中有0.003%—0.006%浓度的氯气，它会刺激我们的鼻子、嗓子的黏膜；如果浓度更高，就会导致我们吐血，严重的话导致死亡。如果你把含氯漂白剂和酸性物质混合的话，就会产生有毒的氯气，所以你会在漂白剂包装上看到“危险，不要混合！”的字样。酸性物质有洁厕灵，其中包含盐酸。而这些漂白剂、洁厕灵又多用于通风不好的厕所、浴室等地方，所以使用起来一定要注意安全。

用于制作毒气的氯气

时间：1915年4月22日；地点：比利时伊珀尔。在德军和法军战事胶着之际，德军的营地中升起黄白色的烟，而这烟借着春天的微风飘到了法军的营地。当这股烟飘到了战壕（挖出一条沟，并在沟的前方搭起土堆）里，里面的士兵们感到呛鼻，他们抓挠胸口，一边号叫一边相继倒地……这简直就是让人痛不欲生的地狱景象。

氯气比空气重，会沉降到地面，又借着风前行，最终全部沉积到了壕沟里。德军一共放出了170吨氯气，导致法军约5000人死亡，14 000人中毒。

这是历史上首次真正的毒气战，是第二次伊珀尔战的惨状。随后，毒气的性能被不断提高，新型毒气被不断制造出来。

区分含氯塑料

在家里，我们可以通过简单的焰色反应原理，来区分聚氯乙烯、聚偏二氯乙烯（保鲜膜）这种含氯塑料。这种方法被称为贝尔斯坦实验。实验时一定注意通风换气。

首先，把铜线绕在筷子上并加热，铜线烧热后，把它按在塑料上。然后，将铜线上附着的熔化的塑料放到煤气灶的火焰中。如果火焰呈蓝绿色，就代表这块塑料中含有氯。

18 Ar 氩

Argon
相对原子质量39.95

来源于希腊语的an（否定词）+ergon（工作），意思是不工作、偷懒者。

白炽灯中加入氩气

氩气是稀有气体，无色无味。就像词源所展示的，氩气几乎不和其他物质反应。目前唯一发现的氩的化合物是氢氟化氩。

虽然氩气属于稀有气体，但其在空气中的含量约为0.93%，是继氮气78%、氧气21%后，第三多的气体。

如果在霓虹灯的氖气中加入一点氩气，那么显示出来的颜色就不再是红色，而是蓝色或绿色。氩气比空气更难导热，因此将氩气充到两层玻璃之间，可制成双层隔热玻璃窗。

在电弧焊接时，为了避免焊接部分被空气中的氧气氧化，氩气被用来充当保护气体。在给白炽灯通电时，灯丝温度会升到很高，而灯丝表面的钨原子就会向外挥发。这是一种从固体直接变为气体的升华现象。这样一来，灯丝就会变细，容易烧断。为了避免升华现象的出现，将氩气充到灯里就可提高寿命。

但是为什么偏偏选择氩气呢？首先因为氩气是稀有气体，不易与其他物质发生反应；其次空气中含量很多，成本低，还能抑制升华现象。原子序号更大一点的氪和氙也可以使用，它们抑制升华的效果更强，但是成本会很高。

氩与钾40

在地球上，从古至今，一直都有天然放射性元素钾40。钾40释放出射线后，会衰变成氩。现在普遍认为，空气中之所以含有那么多氩气，就是这个衰变反应导致的结果。

通过测定钾40和氩气的量，可以推测出古代岩石的年代。这被称作钾氩年代测定法。

首次真正提取出的稀有气体

英国的科学家拉姆塞（1852—1916）和瑞利（1842—

1919）在1894年首次发现了稀有气体氩。

瑞利发现空气中分离出来的氮气比从氮化物中分离得到的氮气密度大。为此，他和拉姆塞一起研究空气中是否还存在其他气体。通过不断地重复实验，终于发现空气中含有约1%的氩气。

拉姆塞一鼓作气，发现空气中还含有氖气、氪气和氙气。并且，他通过太阳光谱推测出氦气的存在，并从铀矿中分离出氦。

氩气在空气中含量很多，但迟迟未被发现的原因就是它不与其他元素反应，隐藏得太深了。为此，它得到了相称的名字，意为懒惰者。

Part 2

原子序数 19—54

K Ca Sc Ti V Cr Mn Fe Co Ni Cu Zn Ga Ge As Se Br Kr Rb Sr Y Zr Nb Mo Tc Ru Rh Pd Ag Cd In Sn Sb Te I Xe

19 K

钾

Potassium
相对原子质量39.1

日语名来自阿拉伯语的qali（植物的灰）。英语名来自potash（草木灰）。

碱的词源

钾和钠一样，是碱金属的一种，柔软、银白色，比钠更容易和空气中的氧气发生剧烈反应。常温下，钾在水面上会发出紫红色火焰，与水剧烈反应。紫红色是钾的焰色反应。钾非常容易变成钾离子，在自然界中以化合物的形式存在。

植物中含有钾元素。植物所需的三大营养素是氮、磷、钾。钾的化合物有氯化钾、硫酸钾，它们都是植物的肥料。硝酸钾被用于助燃剂，被混在香烟中。硝酸钾也是火药的原料之一。

在一个体重为70kg的成年人体内，钾的含量约为150g。细胞中的阳离子几乎都是钾离子。钾离子和钠离子一起帮助人体神经传递兴奋信号，维持细胞内外的渗透压等，在生命活动中发挥着巨大的作用。

过去，人们将草木灰溶于水，把蒸发得到的白色固体涂在衣服上，用于去除污渍。碱在日语里读作arukari，这来源于阿拉伯人所说的灰，也即是kari，再用aru作为前缀词。总之，碱的来源就是植物的灰烬。

现在，化学上指的arukari，主要是指碱金属元素（周期表第一组锂以下的元素），碱土金属（第二组钙以下的元素）的氢氧化物，有时也包括碱金属的碳酸盐和氨气。

植物灰的成分是什么

以下是某被子植物的主要构成元素（干燥后的比例）：碳45%、氧41%、氢6%、氮3%、钙1.8%、钾1.4%、硫0.5%、镁0.3%、钠0.1%。

把植物点燃后，成分中的碳、氢、氮、硫等元素会与氧气反应变成气态。而作为灰剩下的有钙、钾、镁、钠等金属元素的氧化物和碳酸盐。草木灰中的碳酸钙含量为10%—30%。

此外，海带、海草等海藻类燃烧的灰烬主要成分是碳酸钠。

自然界中有0.01%的钾，也就是一万分之一的钾是放射性钾40。我们体内会吸收钾40释放的射线。一个体重为60kg的成人体内，钾40释放4000Bq（Bq为放射性活度单位），碳14释放2500Bq，铷87释放500Bq。我们无法避免这些辐射。我们体内钾40释放的4000Bq在人体内一年内部辐射的累计计量为0.17Sv。

钾在岩石中的含量很多，而其中自然也包含了钾40。花岗岩制成的建筑物附近，外部辐射量比其他地方多很多。日本关东地区和关西地区相比的话，关西地区每年的自然放射量要多出两至三成。这是因为关西地区的花岗岩更多，大地中的钾40更多的缘故。

20 

钙

Calcium
相对原子质量40.1

来自拉丁语中的calcis（石灰）。

钙是什么颜色的

钙是银白色金属。当你听到钙的时候，脑中浮现的是不是白色的物质？其实你看到的白色物质，是钙的化合物。钙与水发生缓慢反应，水一边溶解钙，一边产生氢气。钙不但是地壳的重要组成部分——石灰石、石膏、方解石的主要成分，也是生物骨头、牙齿、贝壳等的主要成分之一。

石灰石是由碳酸钙组成的，也是水泥的原料。鸡蛋壳、贝壳主要成分也是碳酸钙。

我们的身体中，含量最多的金属元素就是钙。除了我们前面提到的骨头和牙齿，钙在细胞和体液中也发挥着重要作用。一个健康的人体内约含1kg的钙，其中99%在骨头和牙齿中，剩下的1%在血液和细胞中。

珍珠是碳酸钙晶体和蛋白质层交相堆积而形成的矿物。

我们之前讲过，含钙和镁较多的水就是硬水。日本的饮用水多为软水。你用硬水冲洗肥皂，硬水中的离子会和肥皂反应产生不溶性的钙化合物，不会出很多泡沫。氯化钙被用来制作干燥剂和道路防冻剂。

生石灰和消石灰

高温煅烧石灰石，会得到二氧化碳气体和生石灰（氧化钙）。向生石灰中加入水，就会一边放热，一边生成消石灰（氢氧化钙）。

消石灰水溶液就是石灰水。在化学课上的一个实验就是，向石灰水中通二氧化碳，就会得到白色沉淀。这个白色沉淀就是和石灰石一样的碳酸钙。

生石灰常用作仙贝等食物的干燥剂。

人们曾经用消石灰在地上画白色线。但由于其碱性太强，如果碰到伤口或眼睛就会造成伤害，现在人们改用碳酸钙粉末画线了。

◆ 从石灰石得到生石灰和消石灰

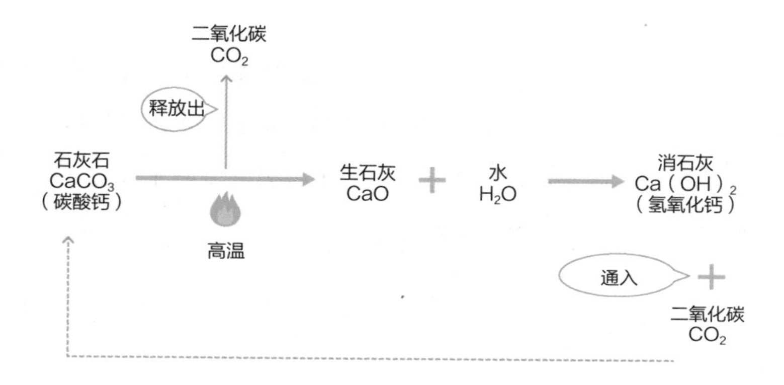

有一种方便食品，只要你一拉包装线，温度就会升高，饭就会自动加热。它的原理就是，本来生石灰和水储存在两个地方，一拉线两种物质就会混合，发生氧化钙+水→氢氧化钙的放热反应。

溶洞的形成过程

石灰岩质地的土地上形成的空洞就是溶洞。石灰岩（碳酸钙）不溶于水，但加入二氧化碳后，就会变成溶于水的碳酸氢钙溶液。

溶解的部分变多后，就会形成空洞。

碳酸钙+水+二氧化碳→碳酸氢钙

当二氧化碳逸出溶液后，就会发生逆反应，碳酸钙会从水中析出。这样一来，就形成了像冰溜子一样的钟乳石和像竹笋一样的石笋。这些就是由溶解的碳酸氢钙溶液中析出的碳酸钙形成的，所以形成钟乳石和石笋需要很长的岁月。

21 Sc 钪

Scandium
相对原子质量44.96

其命名Scandium源自斯堪的纳维亚半岛的拉丁文名称Scandia。

钪是银白色金属，质地较软。它常跟钇、15种镧系元素共17种元素称为稀土金属。用碘化钪做的金属卤化物灯，可以大大提高光的亮度。此外，铝合金中加入钪，可以提高合金的强度。金属球棒就是利用了这种合金。

现在钪的应用很少，是一个不被人关注的元素。

22 Ti 钛

Titanium
相对原子质量47.87

命名源自希腊神话中的巨人Titan。

应用于飞机、高尔夫用品

钛是质地非常硬、重量轻的银白色金属。自然界的土壤中含有的氧化钛、钛铁矿、金红石等都包含钛。钛和铝、钼、铁等的合金非常结实、不易生锈、重量轻、导热难、耐高温。因此，钛合金广泛应用于飞机和船的建材，勺子、叉子、眼镜框、高尔夫用具等。

高纯度的二氧化钛是纯白色的，化学性质稳定、没有安全问题，因此可以作为防晒霜等化妆品的白色颜料。此外，它还拥有光催化剂的功能，可以吸收光来分解有机物造成的污渍。

所谓光催化剂，就是通过吸收光来促进反应的发生。催化剂在反应前后不会发生改变，且会促进反应的发生。比如，在过氧化氢溶液中加入二氧化锰使其生成氧气的实验中，二氧化锰就是催化剂，消化酶也是催化剂。

23 V 钒

Vanadium
相对原子质量50.94

来源于斯堪的纳维亚的美丽女神Vanadis。钒可以构成多种颜色美丽的化合物。

钒是柔软的银白色金属，被作为添加剂来增加钢的强度。钒和钛的合金重量很轻却很坚固，被用于制作飞机。

海鞘、海牛、海兔等海生物，把海水中微量的钒浓缩后吸收到体内。

一些报告显示，钒可以降低血糖值，因此钒也被加入到矿泉水和保健品中，但是目前还没有确凿的科学依据，最好不要过多摄取。

24 Cr 铬

Chromium
相对原子质量52.00

来源于希腊语的chroma（颜色）。氧化状态的铬呈多种颜色。

铬是质地硬的银白色金属。炼钢时，为了提高钢的强度，会把铬作为添加剂。铬对不锈钢制造非常重要。不锈钢是在铁中加入铬和镍组成的合金。不锈钢不易生锈，是因为其表面的致密氧化薄膜将内部保护起来的缘故。

铬有金属光泽，并且具有耐磨、不易生锈的特点，因此经常被镀在金属表面。

许多矿石都含有铬，比如祖母绿的绿色、红宝石的紫红色都是来源于其内部的铬离子。铬的化合物也经常用于制作颜料。大多数铬化合物是有毒的，其中六价铬的毒性最强。

25 Mn 锰

Manganese
相对原子质量54.94

来源于拉丁语的magnesia（磁铁）。

锰是质地硬且脆的银白色金属。炼钢时，为了提高钢的强度，使其更易加工，会把锰作为添加剂。锌锰干电池中，二氧化锰位于正极（正极得到电子）。

由于海底火山活动、海底热泉活动等，溶于海水的锰、铁等会接触到氧气含量较多的海水，形成氧化物，沉淀到海底，形成土豆状的小块（一般为黑棕色、直径多在1—10cm）。这些“土豆”就是神秘的锰矿团。锰矿团的主要成分是铁和锰，但其中也包括铜、镍、钴等有用金属，因此被人们看作是重要的海底矿物资源。

1837年，英国海洋探测船“挑战号”在非洲西北沿岸的海底，首次发现了锰矿团。

26 Fe 铁

Iron
相对原子质量55.85

来源于希腊语的ieros（强的）。元素符号来源于拉丁语的ferrum（铁）。

今天依旧是铁器文明的时代

铁是银白色金属。铁、钴、镍是代表性的带有强磁性的金属（能被磁铁吸引）。铁自公元前5000年就被人类使用，直到今天，依旧是铁器文明的时代。

铁在地壳中的含量位居第四，是整个地球中含量最多的元素，地核的绝大部分都是熔融状态下的铁。

铁被广泛应用于建筑业、日用品行业等。

铁还可以制成性能优良的合金（两种以上金属混合制成的金属）。含有0.04%—1.7%碳的合金叫作钢，其质地非常强韧，被用于制作钢筋、铁轨等。除合金外，在钢的表面电镀的制品中有白铁皮和马口铁。表面镀锌的就是白铁皮；表面镀锡的就是马口铁。

暖宝宝和食品的脱氧剂中含有铁粉，它们都是利用了铁的氧化反应。人体的红细胞中血色素是含有铁的蛋白质，它可以将氧气运到人体内，因此铁是人体必不可少的元素之一。

我们的文明是从石器发展到金属器的。金属可以自由加工，质地更硬，大大推进了文明的发展进程。

在金属器时代中，最先出现的是青铜器。青铜是铜和锡的合金。自然界中存在铜单质，从铜矿石中获取铜也很方便。

但是，从铁矿石，也就是氧化铁中提取出铁很难，因为氧和铁的结合太强了。可铁无论是作为农具还是作为武器，都比铜制品好太多了，即使很难获取，人类还是将青铜器文明推动到了铁器文明。

尤其是到了18世纪，工业革命推动了机械文明，金属作为各种机械的材料被大家更为广泛地使用。起初，人们用木炭做燃料，通过自然风、人力、水力制风来还原氧化铁，提取铁。日本最有名的是用砂铁和木炭进行的“吹铁”。

随后，人们在炼铁炉中加入焦炭，再用蒸汽机吹风来还原铁矿石，从而大规模炼铁。在炼铁炉中放入铁矿石、石灰石、焦炭，再从炉子下方送入热空气，焦炭燃烧放热，铁矿石被一氧化碳还原成铁单质。

得到的生铁会在炉底堆积，杂质会浮在表面。炼铁炉得到的生铁含有很多碳，因此质地比较脆。把生铁移到其他炉内，通入氧气后就得到钢。钢的含碳量很低（0.04%—1.7%），非常坚韧，用于制造钢筋和铁轨。

现在，虽然我们也常用铝、钛等金属，但最主要的还是铁，我们依旧处在铁器文明的长河中。

日本炼铁史

日本是从弥生时代的后半期到末期开始炼铁的。

所谓“吹铁”，就是在炉内放入原料和木炭，点火，再用吹风器吹风加大火力精炼铁的方法。

吹风器从手持式发展到铝脚踏式，到江户时代（1603—1868）时，人们已经可以进行大规模吹铁了。

但是，吹铁法需要耗费大量人力、与铁同等数量的木炭，且产出的钢只有原料铁的30%，因此明治时代（1868—1912）后半期吹铁法就逐渐被使用炼铁炉的洋式制铁法所代替。到大正（1912—1926）末期时，吹铁法已经完全消失了。

最近，日本为了保护传统技术，各地又重新出现了吹铁法。日本制刀业使用的玉钢非常适合用吹铁法制得，因此日本刀剑美术保存协会在岛根县建设了一个吹铁炼铁场，现在那里依旧在运行。

高纯度铁的惊人性质

去除掉铁中包含的碳、磷、硫等杂质，纯度为99.999%以上的铁，和包含0.1%杂质的一般纯铁有着完全不同的性质。

这种超高纯度的铁是日本东北大学金属材料研究所的安彦兼次客座教授通过高真空电解铁、使用电子枪的区域熔炼法来减少杂质，最终于1999年成功制出的。

一般的铁放到稀盐酸中，会释放氢气并逐渐溶解。但超高纯度的铁放到稀盐酸中，很少冒气泡，其耐酸性提高了10倍以上。并且，它比一般的铁拥有更高的可塑性（承受超过极限的力后，会持续发生形变，力除去后，保持形变不会复原的性质），即使处于液氦的超低温状况下，也不会失去可塑性。

超高纯度的铁为我们展示了铁的“素颜”状态。以它为原料制成的合金也展示出和我们经常看的铁合金所不同的性质。比如说，以它为原料的耐热合金可以有很强的加工性。

我们体内的铁

我们的身体中，含有4—5g铁，其中的70%都在血液中。血液之所以是红色的，是因为血液中有很多红血球这种红色细胞。红血球的红色来源于血色素，血色素含有由红色蛋白质构成的色素。铁与血色素结合，血色素又与氧气结合，向全身的细胞提供氧气。

铁不足会导致贫血。贫血中最常见的一种就是缺铁性贫血。含铁较多的食物有肝、菠菜等。

被称为“含铁之王”的羊栖菜中原来显示每100g含有55mg的铁，但后来官方数据改成了6.2mg，变成了原来的九分之一。这个新数据来源于日本文部科学省于2015年12月25日发布的《日本食品标准成分表（修订版）》。这个成分表总结了每日人体应当摄取的营养成分。

据说羊栖菜的铁含量大幅减少的原因是，羊栖菜加工业从使用铁锅改用了不锈钢锅的缘故。由于不锈钢刀具的普及，干萝卜的含铁量也从9.7mg/100g下降为3.1mg/100g。由此可见，使用铁锅炒菜，可以增加食物中的含铁量。

27 Co 钴

Cobalt
相对原子质量58.93

来源于德语中的kobold（地中的妖精）。

钴是银白色金属，同铁、镍等一样带有磁性，都能被磁铁吸引。

电脑中的硬盘磁头、磁铁等原料都是钴。钴与镍、铬、钼等构成的合金耐高温、强度大，被用于制造飞机和燃气涡轮发动机。

钴的化合物有很多颜色。钴蓝是钴和铝的氧化物，是代表性的蓝色颜料。所有钴的化合物基本都带颜色。氯化钴（+2价）在没有水的情况下呈蓝色，遇水后变粉色、红色。在食品干燥剂的硅胶粒中加入氯化钴，如果呈蓝色代表干燥剂还可继续使用，如果呈粉红色代表已经吸收了水分，不能再用了。

维生素B_{12}中就含有钴，是人类以及其他多种生命所必需的元素。

28 Ni 镍

Nickel
相对原子质量58.69

来源于德语的Kupfernickel（恶魔之铜）。

镍是银白色金属，同铁、钴等一样带有磁性，都能被磁铁吸引。

地壳中镍的含量很少，但是在地核和地幔中含量较多。

由于镍有金属光泽、耐腐蚀性高，经常被用来镀在其他金属表面。镍和铬一起被用来制作不锈钢。镍和铜的合金被称为白铜，用于50日元和100日元硬币的制作材料以及可充电的二次电池（镍镉电池）的电极材料。镍也是容易引起金属过敏反应的金属之一。

29 Cu 铜

Copper
相对原子质量63.55

来源于拉丁语的cuprum，意为塞浦路斯产。罗马时代，塞浦路斯是铜的产地。

日元硬币中除1日元外都是铜合金

铜是质地软、带红色金属光泽的金属，从公元前3000年开始，被人们精炼、使用。现在，铜是继铁之后第二重要的金属材料。

除了银，铜的电阻是最小的，因此铜被用来制作电线。铜有很好的延展性、导热性，因此被众多加工品采用。此外，铜还能和各种各样的金属组合，形成不同的合金。

铜也是人以及其他生物必不可少的元素。在人体内，可以分解活性氧（超氧化物）的酶中就包含铜。

铜离子有抗菌、杀菌作用，比银离子稍弱。因此，铜离子具有抑制细菌滋生、去除细菌引起的臭味等功效。比如说，除臭袜中就加入了铜线。

◆ 1日元以外都是铜合金

白铜
（铜75%+镍25%）

镍黄铜
（铜72%+镍8%+锌20%）

黄铜
（铜60%+锌40%）

青铜
（铜95%+锌3%—4% + 锡1%—2%）

螃蟹、章鱼等无脊椎动物体内，负责搬运氧气的是含有铜离子的血蓝蛋白。

日本的硬币中，除了1日元外，从5日元到500日元的所有硬币都是铜合金。

铜上的绿色锈迹有毒?

铜上面绿色的锈迹统称为绿青。根据铜中的杂质、铜放置的环境（空气与水）不同，绿青的成分会有差别，但其主要成分是含氯碳酸铜。关于绿青的毒性，1981年至1984年期间，日本厚生省就此专门进行了动物实验，得到了结果。通过调查绿青的急性毒性和慢性毒性得知，绿青非但不是剧毒，反而几乎无毒。

小专栏

单质与化合物

电解水可以得到氢气和氧气，而这些氢气和氧气不可以被分解成别的物质。就像这样，我们可以通过化学反应将物质分解到不能再分为止，而这些不能再分的物质就是单质。

单质只有一种原子（元素）。由一种原子构成的物质就是单质。单质不能再被分解的原因在于原子不可再分。

两种及两种以上的原子组成的物质就是化合物。化合物可以分解成两种及两种以上的物质。

30 Zn 锌

Zinc
相对原子质量65.41

来源于德语中的zinken（叉子尖），因为锌沉入炉底的形状而命名。

锌是稍带蓝色的银白色金属，用于锌锰干电池和碱电池的负极的制作材料。白铁皮就是铁表面镀锌得到的，因此白铁皮表面能看到锌的结晶。

铜和锌的合金被称为黄铜，易于加工，被应用于5日元硬币、管弦乐器等。brass band（铜管乐队）中的brass就是黄铜的英文。brass band以前是一支仅由黄铜制成的乐器演奏的乐队，也就是管乐器和打击乐器组成的。

化学中用稀盐酸和锌来制氢气。氧化锌（+2价）经常被用于白色颜料、锌棒等外科医学用品。

锌是人类、动植物必不可少的元素，缺锌会导致发育不良，影响生育能力和味觉。

31  镓

Gallium
相对原子质量69.72

来源于法国古名高卢。也有人说来源于发现者名字的一部分拉丁语。

门捷列夫预言的存在

镓是银白色金属，熔点为28.9℃，因此人的体温或夏季较热的天，都可使镓变成液体。

镓是电脑、手机等的制造中不可或缺的半导体材料。其中氮化镓是绿色发光二极管的材料。这是由日本人发明的。正是绿色发光二极管这个发明，扩大了LED的使用范围。砷化镓用来制作红外线发光二极管、半导体激光器等元件。

这个元素的存在曾经被元素周期律的发现者门捷列夫（1834—1907）所预言。他在1870年预言道："周期表的铝下面一格，应该存在一种元素，相对原子质量在68左右，密度在5.9g/cm^{3}左右。"他把这个元素暂时称

为类铝。

当时人们并不是很接受这个预言，但在1875年，法国的布瓦博得朗发现了镓。他在闪锌矿矿石中提取的锌的原子光谱上观察到了一个新的紫色线，也就是镓。

下一个原子序号为32的锗元素也和镓一样，是门捷列夫预言的元素。他在1870年预言，硅的下面一格应该存在一个相对原子质量为72左右，密度为5.9g/cm^{3}左右的类硅元素。随后，德国化学家文克勒（1838—1904）于1885年在分析硫银锗矿时发现了锗。也正因如此，人们更加相信元素周期表了。

美国销售一种由镓制作的变魔法用的勺子。因为把这个勺子放在体温温度的水中，勺子就会熔成液体。另外，还有把液体镓恢复成勺子用的模具。

我曾经有一次把装有镓的塑料袋放在衬衣胸前的兜里，结果镓就熔化了。

32 

锗

Germanium
相对原子质量72.64

来自德国古名Germania。

锗有健康功效?

锗是银白色的准金属，早期晶体管材料。但由于硅的稳定性等性能更好，现在晶体管主要由硅来制作。现在锗被应用于部分半导体材料、光探测器和核探测器等。

许多广告宣传锗有促进新陈代谢、改善贫血的作用，因此锗被用来制成许多保健器具。但是，实际上像锗手环这种物品的保健功效没有得到科学证实。

无机锗和有机锗都严禁食用。20世纪70年代，社会出现了锗的健康热潮，市面上出现了一些含无机锗的保健食品，结果出现了死亡的案例。即使是有机锗，食用后也会引起健康问题，甚至导致死亡，请大家一定注意。

锗热水浴的可疑说明

锗热水浴，就是将手脚放在含有锗化合物的40—43℃的热水中浸泡15—30分钟的泡澡方法。

在WEB网上有这样的说明：有机锗在人体内会制造大量氧气。通过皮肤的呼吸作用，锗可以进入体内，并溶于血液，增加血液中氧气的含量。氧气通过血液循环流遍全身，提高身体的代谢。有机锗在32℃以上会释放出负离子和远红外线，这些物质也可以进入体内，温暖身体，提高代谢。

有人质疑，锗通过皮肤进入血液和直接吃进去是不是一样对人体有害呢？锗生成的大量氧气是在哪里生成的呢？细胞中突然多出那么多氧气，会不会造成氧气的氧化能力下降？但其实这些都不会发生，不会引起健康问题。

大家注意，负离子是伪科学中经常出现的关键词。要知道，几乎所有物质都会释放远红外线，况且远红外线对人体的穿透力只有1mm。

热水浴本身是有效果的，但是锗热水浴是否真如宣传的那么好，就不得而知了。

小专栏

“钙”指代单质的情况与指代化合物的情况

只有一个“钙”字出现的话，有时指代单质，有时指代化合物。

比如说“小鱼中含有很多钙”这句话，因为小鱼骨头可以吃，所以我们可以摄取到骨头中的钙。

钙单质是银色的金属。钙单质遇到水，会发生反应放出氢气，并不断溶解。因此，骨头中的钙不可能是钙单质。其实，骨头是由钙、磷、氧构成的化合物。由于主要元素是钙元素，所以人们就直接称为“钙”了。当你看到元素名称，一定要注意到底说的是单质还是化合物。

33 As 砷

Arsenic
相对原子质量74.92

希腊语中意为有超强毒性。

因毒药出名的砷

2004年7月，英国食品规格厅（FAS）向国民发出不要食用羊栖菜的劝告。因为根据FAS的调查，羊栖菜中含有很多可以诱发癌症的无机砷。

对此，日本厚生劳动省启动了问答环节。

问：如果食用羊栖菜，会不会导致患病风险？

以下是回答摘要：

日本人每日羊栖菜的摄入量大致为0.9g。

WHO（世界卫生组织）于1988年制定的无机砷最高安全摄入量按体重计算，每千克每周为15μg（μg即微克，1μg=10^{-6}g）。比如体重为50kg的人，一天可摄入107μg。

把FAS调查的干羊栖菜放回水中后，无机砷浓度最高是22.7mg/kg。假设吃掉这些羊栖菜，只要你不连续每天吃4.7g以上，就不会超过WHO定下的安全指标。

截止到现在，没有出现过食用含砷海藻导致的中毒情况。

羊栖菜中富含食物纤维，含有许多矿物质。

根据以上理由，只要不极端地过量食用羊栖菜，均衡饮食，就不会有导致疾病的风险。

34 Se 硒

Selenium
相对原子质量78.96

源自拉丁语的月女神的名字塞勒涅。因为碲是根据地球取的名字，其周期表正上方的硒就用月亮取名。

以毒攻毒？

硒有许多同素异形体，最稳定的是灰黑色的金属硒。硒在接受光照后，会变得极易导电（光传导性）。复印机的硒鼓就是利用了它的光传导性。以前，硒也用于照相机的曝光表和遮光玻璃的着色原料，但由于其毒性，现在逐渐被其他材料替代了。

硒是人体必需的微量元素。但如果摄取过多，会造成危害，引起中毒。由于生物浓缩现象，海洋中处于食物链顶端的金枪鱼体内含有很多水银。但是金枪鱼本身并没有出现水银中毒。于是有人猜测，是不是金枪鱼体内含有可以减轻水银毒性的物质呢？硒可以和水银发生反应，生成难溶性的硒化水银。目前科学家在试管级别的研究中得到了硒可以解水银的毒这个结果。也就是说，以毒攻毒。

以毒攻毒的例子，还有毒性很高的亚硒酸钠可以抑制含有铂的抗癌剂顺铂的副作用。

小专栏

金属元素与非金属元素

周期表上的118种元素，可大致分成金属元素和非金属元素两大类。其中，金属元素占绝大部分。

金属元素的单质都拥有金属光泽。即使你没见过的金属单质，你也可以想象，它要么是金色、铜色，要么就是银色。它们都易导热、导电，原子易变为阳离子。

非金属元素中，像硫这样的单质几乎不导电，原子容易得到电子变为阴离子。碳元素非常重要，现在碳可以组成近一亿数千万种的物质，其中绝大部分都是以碳为中心的有机物。

35 Br 溴

Bromine
相对原子质量79.90

来源于拉丁语中的“恶臭”一词。

溴属于卤族元素，常温下为红棕色液体。元素周期表中，常温下为液体的只有溴和汞。溴带有刺激性气味，有剧毒。溴化合物不易燃，用于制作火车、飞机的内装材料。

溴化银用于制作照片的感光材料，带有这种感光材料的相纸被称为溴素纸。溴素就是溴化物的意思。这也是在日本有些人把偶像照片称为溴素（buromaido）的原因。

我在某高中教化学课时，曾发现药品教室的钢质药品架有些损坏了。在架子上，我看到了一瓶装有溴的玻璃瓶。玻璃瓶中装有三分之一的红褐色液体。原来溴蒸气从盖子的缝隙中蒸发出来，和钢架中的铁发生了反应，导致了架子的损坏。

36 Kr 氪

Krypton
相对原子质量83.80

源自希腊语“隐藏”一词。

氪是稀有气体，无色无味，在空气中的含量为0.0001%（体积比），可通过分馏液态空气制成。虽然稀有气体性质并不活泼，但氩、氪、氙都是有化合物的。

白炽灯中充入的气体就是氩。氪气灯就是把充入的氩气改为氪气的灯。在白炽灯中充入氪气后，因为氪的分子量比氩大（分子大且重），可以更好地抑制钨丝的升华，更好地延长电灯的寿命。

此外，还有氙气灯，就是在电灯中冲入氙，这样的电灯寿命更长。

37 Rb 铷

Rubidium
相对原子质量85.47

源自拉丁语“深红（光谱是红色）”一词。

铷是质地非常柔软的银白色金属，属于碱金属，和水接触会发生剧烈的反应。

铷被用于制作原子表，虽然它没有硒制作的原子表精准，但由于它小巧、价格低廉，因此被很多人制作、购买。比如说，报时服务使用的就是铷原子表。铷原子表产生1秒误差的时间为10万—20万年，可以说是几乎没有误差。

自然界中，28%的铷都是它的放射性同位素铷87，铷87会释放贝塔射线，衰变成锶87。因此，可以通过铷87和锶87的比例进行年代测定。铷87的半衰期为488亿年，因此多被用来测定以亿年为单位的年代，这个方法被称为铷锶法。我们就是利用了铷锶法，测定出太阳是大约46亿年前产生的。

38 Sr 锶

Strontium
相对原子质量87.62

源自发现地苏格兰的地名Strontian。

红色的烟花是锶的化合物

锶是质地柔软的银白色碱土类金属。将其化合物放入无色的火焰中加热，会发生美丽的红色焰色反应。因此，氯化锶被用于制作烟花和红色的发烟筒。

锶和同为碱土金属的钙性质相似，积聚在骨头、贝壳中，因此，生物体内存在一定量的锶。

锶90是人工制造的用于核电站、核爆炸的放射性同位素。当锶90进入人体后，会和骨头中的锶发生置换，在体内不断释放贝塔射线，持续发生内部辐射，十分危险。

锶的焰色反应是红色的，但是在放烟花时，可以观察到从深红色到粉色之间的多种颜色。烟花中的氯化锶、氧化锶等都会发生焰色反应。

烟花中放出红色的物质，除了锶化合物外，还有焰色反应为橙色的钙化合物。

含放射性锶89的化合物和骨头成分锶一样，都容易聚集在骨头中，在骨质增生处更易被骨吸收，它放出的射线可用于缓解转移性骨癌的疼痛。锶89不能治疗癌症，只能起到缓解疼痛的作用。

39 Y

钇

Yttrium

相对原子质量88.91

来源于发现地瑞典伊特比村。

用于液晶电视的稀土

钇是质地软的银白色金属。人们在瑞典伊特比村找到的黑色矿石中，发现了好几种新元素，其中之一就是钇。

钇和铝的氧化物YAG的单斜晶体（钇铝石榴石）用于制作近红外激光器。这个激光可以用来切割金属等。

钇和铕一起用于制作液晶电视的红色荧光材料。

稀土类元素共有17种，其中钇、铽、铒、镱这四个元素名称都来源于发现地瑞典伊特比村。

伊特比村距离瑞典首都斯德哥尔摩约为20km。伊特比在瑞典语中意为“偏远村落”，在这里有一座长石矿山。日本的中学理科教材中曾提到过长石：构成花岗岩的矿物有石英、长石、云母等。长石是制作瓷器的重要材料之一。从这个长石矿山中拿到的矿石，经过煅烧，可以制成颜色罕见的颜料和陶瓷用的釉。

1788年，沉迷化学的瑞典陆军中尉卡尔·阿列纽斯在伊特比村拿走了一块像炭一样黑色的矿石。他把这块石头命名为“Ytterbite”，并花了好几个月调查它的成分，但是最终也没能成功。随后，他请从数学改学化学的31岁芬兰化学家加多林（1760—1852）帮忙调查。1794年，加多林从这个矿石中发现了新的氧化物（命名为“Yttria”），并把构成这个氧化物的元素命名为钇。也就是加多林发现了这个新元素。

其实Yttria并不是单一元素的氧化物。在加多林发现它之后又过了50年，瑞典的莫桑德（1797—1858）在1853年成功地发现样本中包含三种成分。随后他把这三种成分分别命名为白色的氧化钇，黄色的氧化铽以及玫红色的氧化铒。它们的名字是从伊特比中拆分而来的，分别得到了钇（Yttrium）、铽（Terbium）和铒（Erbium）。

1878年瑞士的里尼亚（1872—1938）分离出第四种氧化物，并以村庄名字命名为镱（Ytterbium）。

其实，镱也不是单一的元素。1907年，来自法国的于尔班（1872—1938）发现镱是由两种元素构成的。其中之一是镱，另一种被他以自己的出生地古名命名为镥。

稀土元素倾向于两两或多种一起生成合金，而难以彼此单独分离。

40 Zr 锆

Zirconium
相对原子质量91.22

来源于阿拉伯语中的"金色"一词。

精密陶瓷的代表物

锆是银白色金属。由于具有优秀的耐腐蚀性、耐高温性，锆被应用于多个领域。在所有天然金属中，锆的热中子俘获截面最小，因此被应用于核反应堆芯材料。在核反应中，就是利用中子进行核聚变，获取热量，如果使用吸收热中子的物质就会降低热量收益。

锆的氧化物为二氧化锆，被用于制作精密陶瓷（高性能的陶瓷）。含有硅酸盐的锆石可发出像钻石一样的光芒，因此被用于制作装饰品等。

陶瓷本来的意思是煅烧的瓷器，后来指的是陶瓷、瓷砖、砖块、玻璃等用天然矿物制作、通过高温煅烧的全部制品。

但是，最近出现一种使用精制原料制作的陶瓷，它具有耐热性、高硬度以外的新性质。因此，现在陶瓷指的是"用非金属无机材料制造，且过程中使用高温处理的物质”。

在追求高精度和高性能的电子工业中使用的陶瓷材料，被称为精密陶瓷。我们身边有许多精密陶瓷，比如菜刀、削皮刀的刀刃等。那些像金属一样但没有光泽的白色刀具也是精密陶瓷。

这些都是以二氧化锆为原材料，利用了陶瓷的坚硬（继金刚石后第二坚固的物质）、结实的性质而制成的。陶瓷刀具有很多出众特点：不易生锈、刀刃寿命长、不易串味等。

锆的缺点

锆是最不易吸收热中子的金属，但是一旦温度升高（900℃以上），锆就会和水蒸气反应，生成氢气，这是锆的缺点。

福岛第一核电站中，核燃料无法冷却导致包裹核燃料的锆和水蒸气反应，释放出大量氢气，最终发生了氢气爆炸。核电站中泄漏的氢气堆积到建筑物中，当浓度超过爆炸极限4%时，就会发生爆炸。

接近钻石的折射率

由于锆的折射率非常接近钻石，饰品中会使用锆石和方晶锆这种宝石来替代钻石。

锆石是二氧化锆和硅酸盐组成的矿石。虽然世界上到处都有这种矿石，但可以作为宝石使用的优质晶体，只可以在印度或者斯里兰卡等少数地区开采到。其中，有红、橙、黄、绿、蓝等多种颜色的宝石。经过加热处理后，颜色会发生改变，变得更加美艳。像方解石这种矿石，具有双折射性，莫氏硬度为7.5，并不是很硬。莫氏硬度是测量矿物硬度的单位之一，硬度值的范围是从1到10。莫氏硬度为1的物质有非常柔软的滑石，可以用它在地面上画画。硬度为10的就是金刚石。

方晶锆石是二氧化锆构成的晶体，由锆和氧组成。锆石中不包含双折射，莫氏硬度为8.0—8.5，是继红宝石和蓝宝石之后最硬的矿石，和钻石有相同的折光率，但价格仅仅是钻石的百分之一。

和钻石一样美丽，价格竟然那么便宜！
Zr

41 Nb

铌

Niobium
相对原子质量92.91

其命名来自希腊神话中的尼俄柏Niobe，即国王坦塔罗斯之女。

锯的质地很软，是容易加工的银白色金属。

由于铌和钽的性质很像，因此它的命名就采用了钽的词源Tantalos女儿的名字。

铌作为金属单质时，可以在极低温度下（−264℃）进入超导状态（电阻为0，不阻碍电流传输）。

铌与钛的合金被制成超导磁铁线圈，应用于检验癌症和脑出血的MRI（核磁共振仪）。此外，如果铌加入铁等其他金属中，可以增加合金的耐热性和强度，因此经常被用作添加剂。

42 Mo 钼

Molybdenum
相对原子质量95.94

来源于希腊语的“铅”（molybdos）。

钼是质地硬的银白色金属，熔点极高，为2620℃，因此在高温下也可保持强度。只要在钢铁中添加微量的铬、钼，就可以制成强度高、韧性好的铬钼钢。用于制作自行车车轮框架的锰钼钢以及含有镍、铬等的不锈钢等也都使用钼作为合金添加剂。

钼是所有生物的必需元素。人体每1kg中含有0.1mg的钼。

可以固氮的生物中含有一种叫作固氮酶的酶，构成其活性中心的金属可分为钼、钒、铁三大种类。固氮的生物通过固氮酶将氮气转化为氨。

43 Tc

锝

Technetium
相对原子质量（99）

来自希腊语中“人工的”（tekhnikos）一词。

帮助诊断癌症

锝是银白色金属，并不是自然界的天然存在。1937年物理学家塞格雷（1905—1988）用回旋加速器加速含有一个质子的氘原子核去轰击钼，制得了新元素锝，得到世上首个人工合成元素。

锝的一个同位素是锝99m，它的半衰期很短，只有6个小时，释放的伽马射线能量也并不高，因此进入人体较为安全。高锝酸钠等含有这个同位素的化合物被用来制作放射性药品（诊断内脏的疾病或机能的药物）。

锝的质量数（原子质子数+中子数）是99，可分为高能量级状态（激发态）和低能量级状态（基态）。两种状态的锝互为同核异构体（原子序号、质量数相同，能量状态和半衰期不同的两种原子核）。

当长时间处于高能量级状态时，就会在质量数后面加一个m，意为metastable（亚稳态）。而锝99m就是原子核持续保持激发态，不断释放伽马射线，最终形成锝99。但它释放的伽马射线能量很低，释放时间短，即使进入人体也不会造成伤害。

癌细胞会吸收大量的锝99m，因此可由此确定癌细胞的位置和大小。这样的操作仅会用到少量的锝99m，且它的半衰期很短，只有6小时，不会对人体健康产生危害。

但目前含锝99的化合物还没有在日本生产，全部都要依赖进口。如果想在日本量产，就需要建造一个原子反应堆。

44 Ru 钌

Ruthenium
相对原子质量101.1

来源于发现者的出生地俄罗斯的拉丁语Ruthenia。

钌是带有光泽的银白色金属，硬且脆，耐腐蚀性好，难溶于可以溶解金的王水。

钌是铂族金属元素（铂Pt、钯Pd、锇Os、铱Ir、钌Ru、铑Rh）中地球含量最少的元素，常常伴随其他铂族金属出现。钌与其他铂族金属构成的合金可以制成装饰品、钢笔的笔尖以及电子产品的电触点。

现在的硬盘为了提升记录密度，都采用记录用的磁性信号垂直排列的方法，而完成这种“垂直磁性记录方式”，钌是硬盘记录层不可或缺的底层材料。

45 

铑

Rhodium
相对原子质量102.9

来源于希腊语的rodeos（玫瑰色），因其化合物的水溶液呈玫瑰色。

铑是拥有很好的延展性的银白色金属。因其耐腐蚀、带有美丽光泽而被用来为照相机等光学机器和装饰品做镀层。与钯相同，都有吸收气体的性质。

铑、钯、铂可作为分解汽车尾气氮氧化物的催化剂，此外还作为生产药品、农药、香料时的催化剂。

46 Pd 钯

Palladium
相对原子质量106.4

是以新近发现的小行星Pallas来命名的。Pallas的名称来源于希腊雅典的守护神帕拉斯·雅典娜。

钯是可以吸收气体的银白色金属。钯可以吸收自身体积900倍以上的氢气，质地较软，吸收气体后体积增大，变脆。

我们常说的“银牙”就是金、银、钯（含量在20%以上）的合金。钯也经常用于给铂金、K金结婚戒指上色。钯也充当催化剂，用于汽车尾气的净化装置等。因此，钯是一个离我们生活很近的金属元素。

47 Ag 银

Silver
相对原子质量107.9

英文名源自原始印欧语的银（siolitur），元素符号来源于拉丁语的“明亮、闪耀”（argentum）。

人丹和银珠糖呈银色的原因

银是带有美丽银色光泽的金属。在所有金属中，银拥有最好的导电、导热性，延展性略次于金，1g银可以延展成1800m以上的线。银虽然不易生锈，但容易与空气中的硫氧化物反应，在表面生成黑色斑点。

银的应用非常广泛，从装饰品、餐具、镜子等日用品到电脑、手机等先进电子仪器等。

银遇到溴、碘等卤族元素会与之结合，遇光照后会发生显色现象，因此被用于照片的感光材料，应用于相纸、胶卷和X射线光片中。

微量的银可溶于水，生成银离子。银离子有很好的杀菌功能，因此被用为除菌剂。过去人们曾用把银币扔到牛奶里、用银餐具盛饭菜等方法来防止腐烂。用银离子杀菌也是生活小常识。

很多蛋糕上，都有装饰用的银色小珠。小珠子的大小各不相同，在巧克力上也能看到这种小珠。这叫作银珠糖，里面是用砂糖做的，可以和蛋糕或巧克力一起食用。

此外，人丹（商品名）这种药丸的表面也是银色的。人丹是在1906年作为全能保健药开始售卖的，现在属于清凉型口含片。人丹是把药物填在了银色的东西里面。

银珠糖和人丹表面的银色部分，都是闪闪亮亮的带有金属光泽。此外，这个部分都能导电。如果你看成分表，可以看到“银（着色剂）”。这正是金属银。

银珠糖和人丹表面的银是非常薄的银箔，厚度只有万分之一毫米。

我们的胃中有稀盐酸，但银不溶于盐酸，因此几乎所有的银都会原封不动地排出体外。

古代的镜子与现代的镜子

古代的镜子青铜镜是利用了金属光泽。整个镜子都是金属制造的，所以携带起来很重。青铜镜使用一段时间后，表面会变得模糊。于是，日本江户时代就出现了专门打磨镜子的工匠，他们用制作梅干时榨出的梅醋来清除表面的锈，然后薄薄地刷上一层水银，镜子就又恢复光泽了。

现在的镜子是玻璃做的，镜子正面是玻璃，反面镀上了一层银。由于银的保护，镜子很长时间都能成像清晰。

硫化氢使银变黑

银易与硫发生反应，当银和硫放在一起加热，或将硫化氢通入银中，都会产生黑色的硫化银。硫化氢经常在下水道中产生，空气中的含量微乎其微。

有一种温泉会散发硫化氢的味道。如果你带着银饰去泡硫温泉的话，那过不了多长时间你的银饰就会变成黑紫色了。如果你用橡皮筋绑住银饰或者银制餐具的话，那皮筋中的硫也可以让银变色。

以前，我去泡有硫化氢味道的温泉时，在容器中放了几颗人丹，结果人丹表面的银就变成了黑色的硫化银。

但我们也有办法除去黑色硫化银。在覆盖着铝箔的容器中倒入小苏打（碳酸氢钠）和沸水，再放入要清洗的银制品。在热水中，小苏打会分解成二氧化碳和碳酸钠。碳酸钠会和银、铝形成一种原电池。根据原电池的反应，铝会变成阳离子，而失去的电子则向硫化银移动，随后硫化银就会被还原成银。

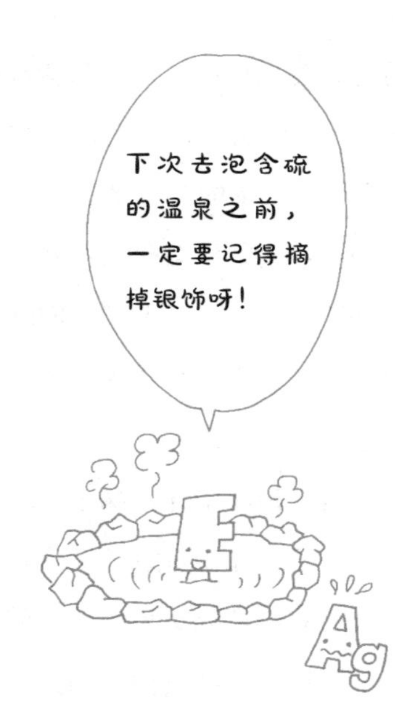

下次去泡含硫
的温泉之前，
一定要记得摘
掉银饰呀！
Ag

48 Cd 镉

Cadmium
相对原子质量112.4

来源于希腊语的cadmeia（土）。词源来自希腊神话的腓尼基传说中的王子Cadmus。

镉是银白色、质地软的金属，一般会和锌一同出现。元素周期表上，镉的位置在锌的正下方，与锌的化学性质相似。

镉经常用于金属电镀，镉镀层比锌镀层能更好地起到阻止金属生锈的效果。镉也用于制作可以进行充电放电的镍镉电池的电极。硫化镉经常被叫作铬黄，用于颜料、涂料制作。许多绘画用的颜料、工具中的黄色也是铬黄。

镉对人体是有害的。日本四大公害的其中一种就是“痛痛病”，这种病就是位于富山县神通河上流的炼锌厂排出的工业废水导致的。一旦得了这种病，轻微的移动都会导致全身剧痛难忍，患者会不停地大喊“好痛，好痛”，所以这种病叫作痛痛病。现在，人们很惧怕镉的毒性，因此控制了镉的用量。

49 In 铟

Indium
相对原子质量114.8

来源于拉丁语中的“蓝色（indicum）”一词。铟的焰色反应为蓝色。

铟是银白色金属，软到可以用刀切断，熔点较低，是稀有金属的一种。铟和锡的氧化物氧化铟锡（ITO）兼具导电和可形成透明薄膜的性质，被用于制作液晶显示屏的电极。

铟在精炼锌时会作为副产物出现。日本札幌近郊的丰羽矿山曾经是世界最大的铟矿山，但2006年停采封山后，我们就失去了铟产量为世界第一的供给源。现在的铟要从回收的液晶显示屏获取或依靠进口。

铟只有在中国等几个地方才有，所以正在面临资源枯竭的难题。氧化铟锡膜比较脆，不易弯曲，因此现在全世界都在寻找可以替代它的易弯曲且兼具透明性和导电性的物质。

50 Sn 锡

Tin
相对原子质量118.7

源于拉丁语中的锡Stannum。

锡疫现象是什么

锡是质地较软，熔点低，银白色或灰色的金属。算上十个稳定的同位素，锡共有四十多种同位素。

有一种现象叫作锡疫。常温下稳定的白色锡（银白色）晶体，在13℃以下的低温中会变成暗灰色的粉状（不能形成结晶）灰锡。灰锡很脆，低温下放置的锡制品会产生灰色的斑点而逐渐“腐烂”掉。这种现象就是锡疫。

锡被用于电镀、生产合金等。镀锡的钢被称为马口铁，锡与铜的合金是青铜，与铅的合金被称为焊料。

锡合金有其独特的颜色和声音，常被用来制作管风琴和编钟。

锡对历史的影响

锡疫是一个广为人知的现象。俄罗斯的圣彼得堡是一个以寒冬著名的城市，在那里流传着一个故事：有一次风琴演奏家在教会演奏一架新的锡制管风琴时，在即将奏响第一个和音时，管风琴突然散架了。

1812年冬天，攻击俄罗斯军队的拿破仑军队惨败。据说原因是，士兵们大衣上的纽扣是锡制的，在严冬中锡“腐烂”了，导致拿破仑军队溃不成军。虽然这个说法听上去煞有介事，但很多历史学家提出了质疑。当时士兵的纽扣真的是用锡制作的吗？也许这只是为了隐瞒拿破仑军队犯了作战错误，不得不败退所用的借口。

1911年11月，探险家斯科特率领一行英国人，立志成为第一个踏上南极点的人。第二年1月，他们终于抵达南极点，可是他们却发现瑞典的阿蒙森比他们早到了一个月，只好失望地踏上归途。

但是在回去的途中，装有食物和燃料的罐子全都漏了，斯科特在3月下旬被冻死了。

现在人们猜测，他所带的罐子是锡制的焊料罐，由于低温发生了锡疫，所以泄漏。斯科特的日记中记录了他打开罐子后，里面什么都没有。但是究竟有没有发生锡疫，我们不得而知。要想引发锡疫现象，必须是高纯度的锡。但罐子里是空的这个事实让我们又觉得也可能真的发生了锡疫。

马口铁和马口铁电镀

锡和铁相比，铁更容易离子化（变成阳离子）。

把比铁耐腐蚀的锡电镀在铁表面后，就得到了马口铁。马口铁的表面镀了一层不易发生化学反应的锡，因此只要表面不受损，基本不会被腐蚀。

罐头、茶桶的内壁都是马口铁，也就是电镀了一层锡。罐子的内部不会暴露在外，因此不会受损，非常适合电镀锡。

一旦马口铁的表面受损，锡膜下的铁就会发生反应，形成铁离子会不断溶解，导致腐蚀。溶解的铁离子是无害的，不用担心影响健康。

橘子罐头等水果罐头内壁就是马口铁。开封之后，接触到外界空气的锡会逐渐溶解，因此下次大家打开罐头后，要记得把里面的食物转移到其他容器中。

小专栏

原子序数、质子数、电子数

原子的中心是由质子和中子构成的原子核。原子核周围有和质子等量的电子。电子的质量轻到可以忽略不计，因此一个原子的质量基本上就是原子核（=质子+中子）的质量。

周期表中的元素是按照原子核质子数和围绕在原子核周边的电子数来排序的。每个元素都有一个序号，这叫作原子序数，原子序数=质子数=电子数。只要你知道原子序数，你就能知道它的质子数和电子数。

51 Sb 锑

Antimony
相对原子质量121.8

自古以来被当作眼影使用。源自拉丁语的stibium（眉黛）一词。

锑和硼、砷等一样，都是类金属，拥有接近半导体的性质。锑是带有金属光泽的银白色金属，同时它的同素异形体还有黑色的、黄色的锑。

传说埃及艳后曾经就是用辉锑矿（成分是硫化锑）的粉末来画眼影。硫化锑含有毒性，涂在脸上可以防止苍蝇靠近或产卵。在当时，由于这是埃及艳后喜欢用的物品，民间也把它制成眼影等化妆品，广为流传。虽然它的毒性不比砷或者汞，但还是对人体有害的，现在的化妆品眼影中不含这种成分。

此外，锑还用于制作合金的添加剂。三氧化锑不易燃，因此被用于实验防护服和窗帘纤维中。

碲

Tellurium
相对原子质量127.6

来源于拉丁语中“地球”（tellus）一词。

DVD中使用的元素

碲是银白色类金属，用于给陶瓷器、釉、玻璃上红色、黄色的着色剂。

碲的单质和化合物均有毒性，如果摄入体内会被代谢出去，呼气时会产生大蒜的恶臭。

DVD-RAM和DVD±RW的记录层就使用了碲合金。可刻录DVD就是由介电质层、记录层、反射层这几个薄膜重叠起来构成的。

它的工作原理就是利用了晶体和无定形体之间的变化。晶体就是原子或者离子有规律的排列状态。无定形体就是无序状态。将气体或液体急速冷冻变为固体时，可以产生无定形体。玻璃就是无定形体的代表物。

用聚光激光束加热记录层后，加热前呈结晶状态的合金，就会瞬间变成原子混乱排列的液态，通过急速冷却后，就可以使其局部变为无定形状态。

若想播放这个记录，需要使用相对较弱的激光照射来检测出晶体和无定形状态的反射光强度变化。使用较弱的激光是为了确保其不会从无定形状态改变回晶体状态。如果想删除记录，就需要用激光照射，使其从无定形状态变回晶体。

DVD±RW使用的合金是银、铟、锑、碲合金，DVD-RAM使用的是锗、锑、碲合金。

53 碘

Iodine
相对原子质量126.9

来源于希腊语“使其彼岸紫”（ioeides）一词。

日本珍贵的出口资源

碘是卤族元素，带有光泽的紫黑色晶体的非金属元素，具有升华性（从固体直接变为气体的性质）。

漱口水、消毒剂、防腐剂中都含有碘。在淀粉中加入碘化钾溶液会使其变蓝。

碘是合成甲状腺激素的必要成分，因此是人体的必需元素。海藻浓缩并储藏了海水中的碘。像日本这种沿海国家，可以轻松地吃到海藻，可是那些离海较远的国家经常会出现缺碘的现象。

核电站泄漏的话，会释放出大量放射性碘131，而甲状腺会吸收这种放射性碘，最终导致甲状腺癌。切尔诺贝利核电站泄漏时，当地许多居民都患上了甲状腺癌，因为他们饮用了含有碘131的牛奶，发生了内部辐射。

千叶县九十九里浜海岸一带的地下水中富含碘，产量位居世界第二，是日本珍贵的出口资源。原来那里的产量是世界第一，后来被智利超过了。

下水道淤泥中的放射性碘

有时候新闻会报道在下水道淤泥中检测出了放射性碘131。

仔细读那些报道会看到这样的内容：这些碘来源于福岛第一核电站泄漏的放射性物质；这些碘是浜冈核电站释放出来的；等等。但如果真的是这样，那么不仅是下水道，在其他地方应该也会检测出放射性碘。并且不光光是放射性碘，还应该能检测出放射性铯才对。

碘131的半衰期为8天，数月后碘131就会消失。

那么，为什么还能检测出碘131呢？

含碘131的药剂可用于治疗甲状腺中毒症（甲亢）和部分甲状腺癌。此外，还可用于检测甲状腺大小。

当患者服用含碘131的药剂后，上厕所时排出的尿液和粪便中也会携带碘131。这些排泄物会进入下水道，也许这就是下水道的淤泥中含碘131的原因吧。

小专栏

质量数=质子数+中子数

元素周期表中的同一个元素中，存在原子核的质子数相同、中子数不同的物质，它们就互称为同位素或同素异形体。

比如说，天然存在的铀，有三种同素异形体。它的质子数都是92，但中子数分别是142、143、146。它们的核素不同。

为了方便区分，会在元素符号左上角标记出质子数和中子数之和，如^{234}U、^{235}U、^{238}U，读的时候它们分别是铀234、铀235、铀238。

54 Xe 氙

Xenon
相对原子质量131.3

源自希腊语的“没见过的东西”（xenos）。

氙气灯的超长寿命

氙是无色、无味的大质量稀有气体。在玻璃管中充入氙，并加压使其放电，氙会放出强烈白光。氙气灯中没有钨丝，因此寿命更长。最近，汽车的车灯都是氙气灯。

氙气灯是把稀有气体氙封起来进行放电的装置。向两端的电极（阳极和阴极）加入高压电，电子就会从阴极放出，向阳极加速前进。在前进过程中，电子会撞击到氙原子，使氙原子变成高能量级的激发态，在向原来的能级恢复时，会放出光芒。

和放出红色光的霓虹灯不同，氙气灯放出的光是接近太阳光的白光（连续光谱）。此外，氙气灯不使用白炽灯中的钨丝，比白炽灯更省电，也不会出现钨丝烧断的情况，拥有很长很长的寿命。因此，放映机、投影仪的光源和相机的频闪仪都使用氙气灯。

小专栏

稳定同位素与放射性同位素

同位素（质子数相同中子数不同的原子）中，存在不含放射性的稳定同位素和带有放射性的放射性同位素。含放射性是指原子能释放出阿尔法射线、贝塔射线、伽马射线等。放射性同位素在释放射线的同时，会衰变成其他原子。

比如说，碳元素在自然界中有三种同位素，碳12（存在比例98.3%）、碳13（1.07%）、碳14（微量）。其中，碳12和碳13是稳定同位素，碳14是放射性同位素。

Part 3

原子序数 55—86

Cs Ba La Ce Pr Nd Pm Sm Eu Gd Tb Dy Ho Er Tm Yb Lu Hf Ta W Re Os Ir Pt Au Hg Tl Pb Bi Po At Rn

55 Cs 铯

Caesium
相对原子质量132.9

来源于拉丁语中“天蓝色”（caesius）一词。

用于原子钟

铯是质地极软，有很好的延展性的银白色碱金属。它的熔点很低，只有28℃（继水银后第二低），因此很容易形成液态。低温下也可和水发生激烈反应，且容易自燃，因此被确定为危险物品。铯易变为阳离子。

碱金属中原子序号最大的是钫，自然界中的含量极少，并且钫是半衰期极短的放射性元素，很快就会消失，因此目前人们还不是很确定它的性质。所以，铯是性质已知的元素中正电性最强的金属元素。

铯在有关福岛第一核电站事故的新闻报道中经常出现。如果核能泄漏，那么首先被发现的就是铯元素。尤其是铯134和铯137这两种放射性核素。它们的半衰期分别是

30年和2年。由于铯和同为碱金属的、对人体至关重要的钠、钾性质相似，放射性铯很容易被人体吸收。

天然存在的铯是非放射性的稳定同位素铯133。铯133被用于作为时间基准的原子钟表。我们所说的“1秒”，过去是靠地球绕太阳公转周期计算的，但1967年后，就以铯的性质为基准计算。1967年的国际度量衡大会决定采用原子钟来定义基本时间单位，即用铯元素唯一的稳定同位素铯－133原子基态的两个超精细能级之间跃迁所对应辐射的9 192 631 770个周期所持续的时间长度作为1秒。

原子可以吸收某种固有振动频率的光和电磁波，变成高能级状态，也能放射光或电磁波恢复到原有能级。铯原子钟中，当这个电磁波震动9 192 631 770时，就为1秒。

最新的铯原子钟拥有1秒/150亿年的精度误差，也就是说即使到恐龙灭绝的6500万年以前也不会产生误差。

铯原子钟被用于全球定位系统（GPS）中。

小专栏

元素周期表是化学基本地图

我们可以根据元素在元素周期表的位置得知该元素的某些化学性质，所以元素周期表是化学基本地图。

元素周期表竖着的一列叫作“族”，共有1—18族。每个族都有对应的名称：碱金属（除H以外的1族）、碱土类金属（除铍和镁的2族）、卤素（17族）、稀有气体（18族）等。

周期表横着的一行叫作“周期”，从上到下分别为第1周期，第2周期……

56 

钡

Barium
相对原子质量137.3

源自希腊语中的“重的”barys。

钡离子有毒，钡呢？

钡是银白色金属，属于碱土类金属。

在2族的钙以下的碱土金属中，除放射性镭外，钡的密度最大，其化合物的密度也很大。照X光中使用的X射线很难穿过钡。

应该没有人会把银白色的金属钡放在嘴里吧。如果真的放进嘴里了，那么钡就会和口水反应，一边释放氢气，一边溶解。这个反应方程式为：钡+水→氢氧化钡+氢气。

氢氧化钡水溶液碱性极强，会损伤口腔黏膜和食道壁，并向胃里进军。胃液中有稀盐酸。碱性的氢氧化钡遇到稀盐酸会发生中和反应，产生氯化钡和水。这是个放热反应，会让肚子变热。那么然后呢？

氯化钡在水中是以氯离子和钡离子的形式存在的。而这些离子就会被消化道吸收到体内。首先，它会使消化道肌肉收缩，吸收到体内的钡离子会对神经系统造成影响，引起心律不齐、心房颤动、肌无力、焦虑、呼吸困难、麻痹等现象。因此，千万不要把单质（也就是银白色的）钡放入嘴里。

那么我们在拍胃X光片时，喝下的叫作“钡”的白色液体也有毒吗？

其实你喝的这个“钡”是硫酸钡。钡很难通过X射线，它的化合物硫酸钡也是如此。并且，硫酸钡不易溶于水。钡离子会被细胞和组织吸收，释放毒性，可是硫酸钡既不会溶于水也不会溶于盐酸，是安全的。叫作“钡”的液体之所以是白的，是因为硫酸钡不溶于水，是以沉淀形式存在于水里。由于硫酸钡不会被身体吸收，最终会在大肠里脱水，进入直肠。

核裂变的发现

19世纪末到20世纪初，从镭等放射性元素中的电子、原子中释放出来的射线被逐一发现。

从原子中释放出更小的粒子这个事实，大大动摇了当时人们所认知的“原子是物质的最小单位”。

1938年末，德国的哈恩（1879—1968）发现了用中子轰击铀后得到的物质中有一种成分和钡很像。但当时人们认为，这是铀吸收中子后形成的比铀原子序号大的元素（超铀），或者是和铀接近的元素。

哈恩一开始也试图理解那就是铀，但作为化学家的他怎么也不能否认那就是钡。但由于他是犹太人，在德国受到迫害，只好告诉在瑞典生活的前同事迈特纳（1878—1968，一位杰出的女性原子物理学者）这个发现。迈特纳和偶然来访的费力施一起商量应该如何解释这个理论，最终把它定义为了核裂变现象。

哈恩因为核裂变的发现被授予了诺贝尔化学奖。虽然迈特纳对核裂变的发现也做出了理论上杰出的贡献，但她没有获奖。身为犹太人的她不得不从柏林大学教授职位辞职，为躲避纳粹的残害而逃命。但在她去世后，为了纪念她的功绩，人们用她的名字命名了109号元素鿏（Meitnerium）。

57 La 镧

Lanthanum
相对原子质量138.9

源自希腊语中“隐藏者”（lanthanein）一词。

“稀少金属”

镧是银白色金属。在元素周期表原子序号为57号的方格中，写的是镧系金属，占据了从57—71号（镥）的15个元素。这些元素都具有十分相似的化学性质。现在可以利用它们性质的微小差别来进行分离。镧是镧系元素的代表。

这15个元素并没有全都写在周期表里面，而是列在周期表下面，猛地一看，容易误以为它们有什么特别的性质。其实不然，把它们单独拿出来只是不要让周期表太长，排列得好看一点而已。

镧系金属的其他元素和镧一样，都是银白色金属，性质也十分相似，遇水都会产生氢气；会和碳、氮、硅、磷等元素在高温下反应。离子为正三价的阳离子。

镧系金属是高科技产品中非常重要的材料。镧系金属、钪和钇都是稀土金属，共含17个元素。稀土中的“土”字，代表金属氧化物；“稀”代表很少，但其实它们在地壳中的含量不算少。

钕、铕、镱、钬、镧这些元素的含量其实和我们经常看到的铜、锌含量相差无几。但是这些稀土元素，很难从矿石中分离出来，也很难加工，供不应求，所以称之为“稀有”。

和稀土金属很像的词还有“稀少金属”。日本经济产业省对稀少金属的定义是：稀少金属是地球上的存量很少，或是因技术、经济等原因难以获取的金属，并在现代工业、未来工业都有所需要，随技术发展也会有新的工业需求的金属。

稀少金属这个词并不是国际通用的，是日本独立使用的术语。符合这个定义的元素共有47种，其中比较重要的是钪、钇、镧系等稀土金属。

在金属中混合微量的杂质，金属的性质就会发生巨大改变。稀少金属可用来调节金属的性质。将少量的稀少金属添加到高科技材料中，就可以使其性能大大提高，因此被称为产业维生素。它们主要的用途是生产电视、电脑等电器。

用于充电电池

笔记本电脑等便携式电器的电源，以及混合动力车的电源都不是普通的干电池，而是镍氢充电电池（Ni-MH）。现在很多笔记本电脑等便携式电器已经采用了锂离子电池，但镍氢电池依旧被用于混合动力车电源。

如果以后锂离子电池的安全性进一步提高且价格降低的话，可能混合动力车也会改用锂离子电池了。

Ni-MH被用于可回收利用的标志。Ni是镍，MH是让金属吸收氢气的材料。正极是氢氧化镍，负极是镧和镍等组成的吸收氢气的合金，电解质是浓度为40%的氢氧化钾溶液。一台丰田普锐斯就需要5kg—7kg的镧。

小专栏

元素周期表与单质的状态

大部分非金属元素的单质都是由分子构成，固体是分子构成的晶体。常温下（25℃左右），氢、氧、氮、氟、氯的单质是气体，溴单质是液体，碘、磷、硫等是固体。碳和硅的单质是由大分子构成的晶体，熔点很高。稀有气体元素的单质在常温下是气体，是单原子构成的分子。

金属元素的单质除了汞在常温下是液体外，都是固体。

58 Ce 铈

Cerium
相对原子质量140.1

来源于小行星Ceres（罗马神话中谷物女神的名字）。

铈是银白色金属。在玻璃中添加氧化铈可以吸收紫外线，因此被用于制作汽车车窗和墨镜。铈在柴油车引擎中起到催化剂的作用，可以促进柴油与空气的燃烧，减少尾气中的PM（颗粒物）。铈也是研磨抛光垫的添加物，可以提高抛光效率。

铈容易着火。铈和铁的合金被称为火石。比较好的火石，用刀削一下，就会因为摩擦生热而起火。有一些打火机就是利用了这个性质制作的。人们用着火的火石碎片当火种，引到汽油或天然气中打火。

59 

镨

Praseodymium
相对原子质量140.9

源自希腊语的“绿色孪生”prasios和didymos。

镨是质地柔软的银白色金属，在空气会被氧化，表面变成黄色。它的工业用途较少，但镨盐可以作为黄绿色的陶瓷釉料。

60 Nd

钕

Neodymium
相对原子质量144.2

源自希腊语的neos和didymon，意为“新的孪生”。

世界最强的钕磁铁

钕是银白色金属。市面上售卖的磁力最大的吸铁石就是钕磁铁，它的成分是钕、铁、硼。日本住友特殊金属公司的佐川真人发现了钕磁铁。马达、扩音器中会利用这种磁铁。钕磁铁在日本百元店就能买到。

首先，我们来讲一下钕的发现历史。碳含量在2%以下的铁碳合金被称为钢。以铁为主要成分的吸铁石被称为磁钢。

第一次世界大战前，本多光太郎发明出了一种磁力超过所有磁铁，让世界震惊的新磁铁。那就是KS磁钢。1931年，三岛得七又发明出了MK磁钢。后来，本多又发明出了磁性超过MK磁钢的新KS磁钢。小学理科教室中的吸铁石就是这些磁钢。

与此同时，加藤与五郎、武井武一起发明了OP磁铁，也就是今天的铁氧体。铁氧体用于制作不锈钢黑板、冰箱门等，是黑色的磁铁。

OP磁铁和当时其他的金属合金都不相同，是铁、钴的混合氧化物。正是受到了金属氧化物具有强磁性的启发，今天才能批量生产出铁氧体磁铁。铁氧体磁铁的主要成分是氧化铁粉末，最普通的磁铁。

铝镍磁铁是以铝、镍和钴为原料制成的磁铁。小学理科教室中用的U形磁铁大都是铝镍磁铁，比磁钢磁力大很多。

20世纪70年代前期，钐钴磁铁问世。它拥有超强磁力，为制造出超小型马达或扩音器做出了贡献，并推动电器向着又小又轻的方向发展。

钐钴磁铁含有稀土类元素钐，因此被称为稀土类磁铁。欧美国家的磁铁开发研究人员甚至认为，不会再有比钐钴磁铁磁性还大的磁铁了。

由于本多、三岛、加藤和武井武的发明，日本被誉为“磁铁王国”，随后佐川真人又发明出了钕磁铁。钕磁铁也是稀土类磁铁。

钕磁铁是由钕、铁、硼三种元素构成的磁铁。钕比钐在地壳中的含量更多，价格也更便宜。

钕磁铁要比钐钴磁铁密度小，而机械强度高出两倍。由于密度小，它制成的装置也更小巧，加之其机械强度强，使得零件加工、组装过程中操作更加简便。

医疗用的MRI不是使用电磁铁，而是利用了钕磁铁强大的磁场制造出来的。

现在，钕磁铁在全世界市面上售卖的磁铁中也是性能最好的。虽然钕磁铁中含有铁，会生锈，但只要在表面镀一层镍，就可以防止生锈。

用钕磁铁可以吸住纸币

把钕磁铁放在桌上，用手指轻轻转动，它总是回到N极指向南面、S极指向北面的状态。钕磁铁不需要用线吊着，也能自动指向地球的磁极。你用钕磁铁接近暖宝宝的袋子，会发现里面的小块的、大块的铁都会聚拢过来。

在桌子上放置对折的、方便移动的一千元、五千元、一万元日元纸币，用钕磁铁接近它们，纸币就会被吸引过来。但是纸币放置的位置不同，吸引的难易程度会不同。这是由于纸币印刷厂在印刷纸币时，使用的是带有磁性的墨。这个磁性也方便了自动贩卖机识别纸币。

61 Pm 钷

Promethium
相对原子质量（145）

来源于希腊神话中的普罗米修斯（火神）。

钷是银白色金属，也是镧系金属中唯一的人工放射性元素，是运转的反应堆每日堆积形成的。后来，人们发现自然中也存在极微量的钷。

由于钷含有放射性，在较暗的地方，它会发出蓝白色的荧光，因此在过去被用于制作表盘的涂料，但由于安全问题，现在已经不再使用了。

荧光灯的辉光放电管中会充入微量的钷。

62 Sm 钐

Samarium
相对原子质量150.4

源自矿石名称铌钇矿（samarskite）。

钐是质地柔软的银白色金属。

钐和钴的合金可制成磁力超强的永磁铁。和钕磁铁相比，永磁铁更不易生锈，且在高温下也能正常工作。磁铁失去磁性的温度叫作居里点，钕磁铁的居里点是314℃，钐磁铁是741℃。因此，钐磁体被用于制作电动汽车的压缩机、风力发电机和硬盘内部的磁铁等。

63 Eu 铕

Europium
相对原子质量152.0

源自发现地欧洲Europe。

铕是银白色金属。将铕用于荧光灯中，可得到比只加入汞发出的光更接近自然光（太阳光）的颜色。

64 Gd 钆

Gadolinium
相对原子质量157.3

来源于最初发现稀土元素的化学家的名字加多林Gadolin。

钆是银白色金属，因其吸收中子的能力很强，被用于反应堆的调节装置（控制反应发生以及紧急停止时的灭火剂）。

MRI是利用强力磁铁制作的筒形仪器，人体进入这个筒中后，仪器可通过磁性来对人体的脏器和血管进行拍照检查。在强力磁场下，通过水原子核的振动即可了解体内的水分分布，在电脑上成像。使用X射线的CT，会对人体造成辐射伤害，并且只能从正面拍摄。MRI可以侧拍、斜拍，角度十分自由，并且磁场几乎不会对人体造成伤害。

钆的化合物被用于制作MRI的造影剂。一般来说，肿瘤处的血液流动比较多，如果静脉注射造影剂的话，造影剂会在肿瘤处聚集，那么在拍片子时，肿瘤处就会和其他地方形成鲜明的对照。

65 Tb 铽

Terbium
相对原子质量159.0

源于此元素的发现地瑞典伊特比村。

铽是银白色金属，在磁场中会改变自身长短（磁伸缩性）。后来，人们开发出了磁性小、磁伸缩性大的铽镝铁合金。在这个材料上缠绕上电线，会和电线一起产生交流电，而这个交流电释放出的磁场就可以让它产生机械振动。人们也可以用这个原理来制作超声波。

66 

镝

Dysprosium
相对原子质量162.5

它非常难分离出来，因此来源于希腊语的dysprositos（意为难获得，难接近）。

镝是银白色金属，具有储存光能的性质，因此被用于制作叫作N夜光的光贮存材料。N夜光代替了那些通过放射射线来发出夜光的材料，属于不含放射性物质却也能整晚发光的材料，大大推动了夜光材料的发展进程。它主要用于紧急出口等的避难指示灯。此外，像我在65号元素铽介绍的那样，磁性小、磁伸缩性大的铽镝铁合金被开发出来，加以使用。

67 Ho 钬

Holmium
相对原子质量164.9

来源于元素发现者克莱夫的出生地瑞典首都斯德哥尔摩的拉丁语Holmia。

钬是银白色金属，用于医用钬激光（添加钬的石榴石——钇铝石榴石）。钬激光的威力大，发热量小，可以减少患者损伤，安全性高，并可以破坏坚硬组织，因此不需要给组织开刀、止血等就可以治疗结石。

68 Er 铒

Erbium
相对原子质量167.3

源于此元素的发现地瑞典伊特比村。

铒是银白色金属。在光纤中添加铒可以增强光信号。石英光纤在长距离传递时信号强度会减弱，只要在重要的地方将添加铒的光纤和普通光纤相连，那么光纤的传递距离就会延长100倍。

69 

铥

Thulium
相对原子质量168.9

关于铥的名字由来说法很多，其中最有力的是：来自斯堪的纳维亚的古名Thule。

铥是银白色金属，在稀土元素中和镥并称含量最少的元素。和铒一样，可作为光纤添加剂。

铥放大器可以完成铒放大器无法发挥的将光波放大的作用。

70 Yb 镱

Ytterbium
相对原子质量173.0

源于此元素的发现地瑞典伊特比村。

镱是银白色金属，在钇铝石榴石激光中做添加剂，可以发出强力高频的超短脉冲。这样的激光可以阻止金属结合，或者切断分子间结合。此外，氧化镱可作为玻璃的光绿色着色剂。

71 Lu 镥

Lutetium
相对原子质量175.0

源自巴黎的古名Lutetia。

镥是银白色金属，在稀土元素中和铥并称含量最少的元素，主要用途为科学研究。在PET（正电子发射计算机断层扫描）的正电子测定装置中，含有添加铈的硅酸镥。

72 Hf 铪

Hafnium
相对原子质量178.5

来源于哥本哈根的拉丁语 hafnia。

铪是银灰色金属，会在锆石中同锆一起出现，且二者化学性质极为相似。但是，它们对于中子的性质迥然不同。中子会在锆中透过，而铪会吸收中子。

铪可以吸收中子，因此用于制作反应堆的控制棒。在反应堆的核燃料中没有控制棒时，就会进行核裂变反应，有控制棒时反应就会停止，也就是说铪可以控制核裂变。

73 Ta 钽

Tantalum
相对原子质量180.9

源自希腊神话中的坦塔罗斯神。

钽是带光泽的银灰色金属，是继钨、铼后熔点第三高的元素，曾被用于制作灯丝，但没多久就被钨替代。

现在钽主要用于制作电容器，电容就使用了氧化钽。这种电容体形小、容量大，被应用于手机、电脑等小型电器中。

除电容外，钽还用于合金。把熔点高、耐腐蚀的钽加到合金中，会得到耐热性很高的合金，合金变得更加结实。

此外，钽和人体基本不会发生反应（基本无害），所以也被用在制作人工骨头、人工关节和镶牙等治疗中。

74 W

钨

Tungsten
相对原子质量183.8

瑞典语中tung（重的）+sten（石头）的意思。

钨照亮夜空

钨是银灰色金属，质地非常硬，质量很重，是金属元素中熔点最高的元素（熔点为3407℃）。钨单质已经很硬了，但和碳一起形成的碳化钨更硬，硬度仅次于金刚石。

钨的密度和金一样为19.3g/cm^3。把铁放到水银中，铁会浮起来；但把钨放到水银中，钨会沉下去。

钨的熔点较高，因此被用于制作在高温下工作的白炽灯的灯丝。

此外，由于钨很硬，钨被用于制作切割工具的锯齿、炮弹、装甲车、圆珠笔芯；钨密度大，被用来制作渔竿上的铅锤、高尔夫配重块等。但是，钨是稀有金属，价格较高。

钨的命名来源于tungsten（重石），可是元素符号却是W，这是为什么呢？

其实是因为钨还有一个德语的别称：Wolfram。现在德国一些地区依旧使用这个词。钨最初是从铁锰重石wolfart中提取出来的。把铁锰重石和锡矿石混在一起后，锡就很难分离出来了。铁锰重石就好像狼（wolf）那样狼吞虎咽地“吞掉”锡，因此得名Wolfram。

爱迪生发明灯泡的时候，在灯丝中使用的碳来自日本京都八幡的竹子。

碳在真空状态下1800℃就会蒸发，因此需要更耐高温的材料。1908年爱迪生使用了金属中熔点最高的钨做灯丝，终于成功了。因为使用了钨，灯丝温度超过2000℃，使得灯泡一下子就明亮起来。真空中，灯丝表面会有钨原子释放出来。也就是说，钨很容易蒸发。所以，人们向灯泡中充入氩气来抑制蒸发。为减少气体对流带来的热量损失，人们把灯丝变为卷曲状，又变成双层卷曲灯丝等，灯丝被不断改良至今。

只是白炽灯消耗的电中90%都用于发热，效率较低，现在人们逐渐改用荧光灯、LED等新型光源。

假金条

据说这是阿基米德发现浮力定律（放在液体中的物体

受到向上的浮力，其大小等于物体所排开的液体重量）的故事。

两千多年前，希腊有一个很小的国家叫叙拉古。这个国家的国王想要一顶最好的金王冠，因此就让工匠们为他制作。

终于，王冠制作成功了。但是国王听到有人说这个王冠的质量不好，说是工匠在金中掺杂了银，把换下来的金子私吞了。但是这个王冠的重量和国王给他们的金子的重量是一样的，国王无从判断。于是国王就派阿基米德来调查这个事情。日子一天天过去了，阿基米德始终想不到好点子。

有一天阿基米德去泡澡，刚一进入盛得满满水的浴缸，水就一下子都涌了出来，他看着这个水，想到了什么。他大喊着“我知道了，我知道了”，跳出了浴缸。还没来得及穿衣服的阿基米德直奔放金王冠的地方。阿基米德把金王冠沉入装满水的容器中，再精确地测量溢出来的水的体积。因为这些水的体积就等于金王冠的体积。

然后，他又分别把等重量的纯金、纯银的体积和溢出来的水的体积相比较。他发现，纯金块的体积比金王冠要小。同质量的纯金和纯银中，银的体积更大一些。于是工匠的小伎俩就被发现了。

阿基米德最终是通过金和银的密度差来解决问题的。如果使用黄铁矿这种金色的物质，由于密度太小，稍微一敲击皇冠就会裂了。那么使用和金等密度的金属会怎么样？事实上，真的有人用钨来制作假金条。比如，可以在钨的表面镀金，或者稍微费点事，在金条表面打孔，再把钨填进去。

为了能识别出这些假金条，必须进行荧光射线检查或者超声波检查其内部构造。钨的密度是19.3g/cm^3，而金的密度是19.32g/cm^3，因此也有办法利用这个密度差来检测。那就是用吊秤来提着1kg的金条，测量其在水中的浮力。如果吊秤不准的话这个方法就无效。这其实就是阿基米德原理的应用。

75 Re

铼

Rhenium
相对原子质量186.2

在德国被发现，因此来源于拉丁语的莱恩河（Rhenus）

铼是银灰色金属，是1925年发现的自然界中最后一个稳定元素。此后的元素基本都是人工合成元素。

铼是金属中最硬、密度为21g/cm^3，比金的密度还大、熔点高达3180℃的金属。本来它利用价值很高，但它是稀有金属，价格很高，应用受到很大限制。

1907年（明治四十年），日本小川正孝（后为东北大学校长）宣布他发现了原子序号为43号的新元素，并命名它为nipponium，简称Np。但后来，其他科学家再次确认的时候，不同意他的说法，因此被驳回。

其实他发现的元素不是43号，而是75号铼。他在计算相对原子质量的时候出现了差错。如果他当时没犯错，也许这个75号元素的名字就不是Re，而是Np了。

76 

Osmium
相对原子质量190.2

锇

源自希腊语的osme（臭的）。锇加热后会生成剧毒四氧化锇，有巨臭。

被称为臭金属

锇是略带蓝色的银白色金属，质地硬，熔点仅次于钨，密度为22.6g/cm^3。同位于第六周期的三个元素锇、铱、铂是性质十分相似的“兄弟元素”。

锇和铱组成的合金有很好的耐腐蚀性和持久性，因此用于制作钢笔的笔尖。

墨水中含有硫酸、盐酸、硝酸等强酸，因此墨水带有腐蚀性。为了能写出流畅的字，钢笔的笔尖需要既柔韧又耐腐蚀才行。因此，贵的笔采用14K金，便宜的笔采用不锈钢制笔尖。笔尖上银色的小圆球是用铱或钌、铂和35%的其他金属材料制成的合金。

由于锇的质地很硬，仅次于金刚石，因此不会损耗，并且耐腐蚀性好，也能和14K金很好地结合。

锇是英国化学家特南特（1761—1815）于1804年发现的，由于氧化锇气体带有恶臭，因此他选用了希腊语osme（意为臭的）来命名。

氧化锇的熔点较低，是42℃，因此很容易气化。它不仅臭，还带有毒性。如果刺激到人的黏膜、肺，严重者会引起支气管炎、肺炎等；如果眼睛接触到，严重的话就可能导致失明。金属单质锇不臭，但是很容易和空气中的氧气形成氧化锇，因此使用的时候要小心。

77 Ir 铱

Iridium
相对原子质量192.2

源于希腊神话的彩虹女神伊里斯（Iris）。铱化合物的水溶液像彩虹一样有许多颜色。

掌握了恐龙灭绝的关键?

铱是质地硬、密度极大的银白色金属，密度为23.4g/cm^3，仅次于锇。铱在宇宙中的含量很多，但地球表面上微乎其微。现在大家认为，可能是它比较重，因此在小行星撞击地球的时代就和铁一起沉入地球深处了。

铱是所有金属中耐腐蚀性最好的，像一般的酸、碱等根本不可能腐蚀它，就连热王水也难以溶解它。

铱和铂的合金拥有超强耐磨性、耐腐蚀性，因此被用来制作千克标准质量砝码和国际米原器。

关于恐龙灭绝的原因，大家众说纷纭，但其中最有说服力的还是陨石撞击说。白垩纪-古近纪界线（K-T界限）中含有全世界最丰富的黏土层，其中检测出了大量可能来自外太空的铱（比其他层含量多20—160倍）。正因如此，陨石撞击说显得更加有力。因为铱在地壳中的含量极少，但在陨石中的含量很多。

随后，被认为是在中生代末期出现的巨大撞击陨石坑在墨西哥犹加敦半岛的地表之下被发现，陨石碎片也在K-T界限被找到。这些都说明曾经发生过天体袭击地球事件。

巨大陨石撞击形成了大量尘埃。大气中的尘埃多年没有散去，一直遮天蔽日，海上、陆地上的被子植物都无法继续生长发育。而被子植物消失后，以此为食的食草恐龙就会灭绝，随后食肉恐龙也跟着灭绝了。

78 Pt 铂

Platinum
相对原子质量195.1

来源于西班牙语的plata（银）+ in（小巧可爱的）。plata在英语里的意思是金属板（plate）。

什么是贵金属

铂在化学上非常稳定，耐腐蚀性好，可作为优质催化剂。

日语称铂是“白金”，但这并不是我们首饰中说的那种“K金”（主要成分是金，添加了其他金属）。

铂和金一样，除了王水不溶于任何物质，具有很强的耐腐蚀性，可永久保持金属光泽，因此被加工成首饰。也由于其耐腐蚀性强，铂和铱的合金被制成千克标准质量砝码，其中铂的含量为90%，铱为10%。

铂的熔点很高，因此被制成火花塞、排气传感器等在严酷条件下工作的零件，此外还在汽车尾气的净化装置中充当催化剂。

贵金属和贱金属只是日常用语，在科学上是没有严格定义的。

一般我们说的贵金属，就是不容易发生化学变化，可长久保持金属光泽，产量少且价格高的金属，有金、铂金、钌、铑、锇、铱等，有时也包含银。与贵金属相反，空气中易生锈的金属为贱金属。

铂和金是贵金属中的代表。铂的生产量一共只有4500吨，非常少，而金的产量为15 000吨。由此可见，铂的产量只有金的三分之一，属于稀有的金属。

用于汽车尾气的净化装置

燃油汽车尾气中的有害成分有一氧化碳（CO）、碳氢化合物（HC）和氮氧化物（NO_X）等。

尾气净化装置的催化剂中含有铂、铑、钯，被称为尾气催化剂。三元催化器中的净化剂将增强CO、HC和NOx三种气体的活性，促使其进行一定的氧化－还原化学反应，其中CO在高温下氧化成为无色、无毒的二氧化碳气体；HC在高温下氧化成水（H_2O）和二氧化碳；NOx还原成氮气和氧气。三种有害气体变成无害气体，使汽车尾气得以净化。

近年来，平均一辆燃油车使用的铂金量为1.5—2g，加上铑、钯，总共有贵金属3—7g。

使用氢气和氧气生产水的反应获得能源的燃料电池车中，使用铂金当催化剂。每一台车的铂金使用量为30—50g。燃料电池车比燃油车多出5—10倍的铂金。这也是推广燃料电池车受阻的原因。目前，人们也正在寻找可以替代铂金的催化剂材料。

可制成抗癌药物

铂制剂对许多癌症都有治疗功效，主要通过点滴的形式静脉注射。制剂进入体内后，会和癌细胞DNA结合，抑制癌细胞的DNA复制过程，使之发生细胞凋亡。

顺铂在目前抗癌药物中发挥了很大功效，但同时也会产生副作用。患者可能会恶心、呕吐、引起肾功能不全等。因此，需要和其他的抗癌药物一同使用，比如在用顺铂后需要静脉输液止吐药剂等。

小专栏

元素周期表曾经是按照相对原子质量排列的

现在的周期表是按照原子序号排列的。

现在我们说的相对原子质量，是以碳的同位素碳12为基准计算的。碳12的相对原子质量为12.000 00。

自然界中的很多元素，都会和相对原子质量不同的同位素混合在一起。因此，我们就按照该元素和其同位素的存在比例，来计算平均相对原子质量。这就是写在元素周期表上的相对原子质量的由来。让我们来找一下哪些元素排得靠后，但是相对原子质量却小吧。

79 Au

金

Gold
相对原子质量197.0

gold是印欧语中“闪耀”的意思。词源为ghel。元素符号Au来源于拉丁语aurum（发光物）。

被全世界钟爱的金属

就像它的名字那样，金是散发金色光泽的金属，是人类最早开始使用的金属之一。人们当时挖掘沙金或是天然金。

金是世界通用货币，也是装饰品，非常珍贵。金的密度很大，质地较软，延展性极好。1g金可以延展成2叠榻榻米那么大的金箔。

金的化学性质非常稳定，能溶解金的只有王水。正是因为耐腐蚀性强，金可以永久保持美丽，并且易于加工，产量稀少，自古以来，就被人们用作货币和首饰。一般流通的金货币中都含有10%的铜。

由于金耐腐蚀性强，导热、导电性好，金被用于制作电子制品的接头、连接器、集成电路镀金、假牙等。此外，金可以很好地反射红外线，因此在人造卫星外面的绝热材料中有金箔。

K是什么意思

K可表示合金的纯度，比如纯金是24K（金含量100%），金币21.6K（金含量90%），金首饰18K（金含量75%），钢笔的金14K（含金量58.3%）等。

金含量最低的是10K，只含有41.7%。

溶解金牌的秘诀

浓硝酸和浓盐酸按照1:3的体积比混合后得到的溶液就是王水。王水可以溶解金属之王金和铂金等。

“二战”时，停留在丹麦的匈牙利化学家德海韦西（1885—1966）在丹麦被德军占领时，成了流亡者。那个时候，有两个人把他们获得的诺贝尔奖金牌暂存在他那里。金牌也是金子做的，那时候带金子出境是违法的，于是德海韦西把金牌溶在了王水中，随后在尼尔斯·玻尔研究所的实验室中封存好，成功逃到了瑞典。

战后，德海韦西回到了实验室成功拿回了溶液。颁发诺贝尔奖的瑞典学士院得知原委后，从溶液中取回了金并复原了金牌，重新授予那两人。

被挖掘、精加工的金总量

英国贵金属调查公司汤森路透GFMS公司的统计显示，截至2014年末，人类挖掘、精加工的金总量约为183 600吨。

游泳竞技用的50米泳池，宽25米，深度最低2米，容积为$50\times25\times2=2500m^3$。金的密度是$19.3g/cm^3$，所以按立方米计算的话，是19.3吨。一个游泳池中可以放$2500\times19.3=48\,250$吨的金。那么用183 600除以48 250，约等于3.8。也就是说，截至2014年末，所有挖掘、精加工的金可以堆满3.8—4个50米的泳池。

日本的“城市矿山”

日本曾经是银和铜的生产大国。但是，由于资源枯竭、人工费和环境保护费上涨等原因，矿山相继被封山。现在日本唯一还在作业的矿山就只有菱刈金山（鹿儿岛县）了。日本几乎所有的金属都要依靠进口。

但是从“城市矿山”这个观点来看，日本是世界上屈指可数的资源大国。所谓城市矿山，就是说城市中有大量回收利用的废弃家电制品，而这些家电又富含有用的金属资源，这不也是一座矿山吗？

生产被丢弃的家电、汽车、工业上使用的电路板中含有金、铂金、铟等稀有金属。即使一块电路板所含的稀有金属微乎其微，但是积少成多。

日本国立研究开发法人国立环境研究所的资源循环、废弃物研究中心显示，1吨电脑主板可以回收140g的金。而如果真的去挖掘金矿山的话，一吨金矿石中只能提取3—5g的金。因此，我们知道了“城市矿山”的资源多么丰富啊。

日本国立研究开发法人物质、材料研究机构于2008年的报告中显示，日本储存的金大约6800吨，这是全世界现有埋藏量42000吨的16%；银为6万吨，占了22%；铟为61%；锡为11%；钽为10%。也就是说日本拥有全世界以上金属埋藏量的10%。

如果从海里取出金的话……

1918年，在“一战”中失败的德国需要付给战胜国很大一笔赔偿金。这对于战后的德国财政来说无疑是非常艰难的。

哈勃（1868—1934）是一位化学家，他想为他的国家出一臂之力。他想到了海水。他想“1吨海水中拥有5mg的金，那么就从海水中提炼金！即便不能全部提取出来，能有多少是多少。只要从足够多的海水中提取金，就可以支付赔偿金”。

随后，哈勃乘着载有秘密分析室的观测船前往大西洋各地海域分析金的含量。但是海水中金的含量比他预想的要少很多。于是他又重新探测世界各地的海水，分析金的含量。他发现1吨海水中只有0.004mg的金。要取得这些金所费的成本远远高于这些金，因此他于1926年便终止了这个项目。

现在海水中金的浓度比哈勃得到的值还要低百分之一。即使用现在发达的技术依然没办法把海水中微量的金提取出来。

80 Hg

汞

Mercury
相对原子质量200.6

源自拉丁语的hydrargyrum（像水一样的银）。

价格低廉拥有多种特点的水银

汞是银色金属。金属中，只有汞在常温下是液体，也被称为水银。天然的液态水银自古就被人们知晓、利用。水银的表面张力很强，如果洒了的话，就会像叶子上的水滴那样，形成一个个小球滚来滚去。

汞会和金、银、铜、锌、镉、铅等金属融合，形成被称为汞齐的软糊状合金。以前，汞齐多用为牙齿填充物，但近年来由于银色较为显眼，而且担心水银溶解对身体有害，逐渐被合成树脂所替代。

荧光灯、水银灯之中都封入了水银蒸气，充当发光体的作用。因为水银受热膨胀率很大，且是固定值，被用于制作体温计、温度计等。因为汞有杀菌作用，汞的化合物也被制成药品。因为水银价格低廉，拥有多种特点，水银的用途曾经十分广泛，但是由于1950年有机水银引发了水俣病后，人们开始尽量避免使用水银了。

东大寺大佛的镀金

汞齐是来自希腊语的词，意为“柔软的物质”。水银在常温下是液态，即使不加热，也可以和金、银、铜、锌、镉、铅等熔点低的金属融合，形成汞齐。汞齐是软的糊状物，稍微加热就可以软化，十分便于加工。

日本制作东大寺的大佛时，就是把金溶于水银后得到的汞齐涂在大佛身上，再通过烤炭火，让水银蒸发，留下镀金。虽然现在看起来已经有些暗淡，但是建成之初时是金光闪闪的。

据《东大寺大佛记》记载，这个大佛用了五万八千六百二十两（约五十吨）水银、一万零四百四十六两（约九吨）金。庞大的水银蒸气覆盖了整个奈良盆地。吸入水银蒸气的人，引起了气管炎、肺炎、肾小管疾病、浮肿、尿毒症、全身无力、手抖、运动失调等疾病，并且中毒的人持续增多。

在淘金时也发生过相似的事件。向沙金中兑入水银形成的汞齐可以吸收沙金中大量的杂质。随后加热汞齐，就可以得到纯净的金。

在20世纪70年代末时，流行在河底和森林的土中进行沙金挖掘，并加入水银来获得纯净的金，为此巴西、亚马孙河流域一带受到了严重的水银污染。在坦桑尼亚、菲律宾、印度尼西亚和中国等国家也引起过同样的污染。

工厂废水与水俣病

水俣病是发生在日本熊本县水俣湾周边和新潟县阿贺野川下流地区的有机水银中毒疾病，是日本代表性的公害病之一。

罪魁祸首就是氮素水俣工厂和昭和电工鹿濑工厂排出的含水银的废水。

有机水银会按照食物链顺序：浮游生物—小鱼—中型鱼—大型鱼—人，将水银的浓度一再浓缩，而经常吃含有毒素的鱼虾贝类的人就会发病。

大脑的血管中有血脑屏障（在大脑中充当屏障，阻止神经细胞被有害物质侵害。让血液中的物质不轻易进入脑中），但是有机水银是油溶性的，不易溶于水，可以轻松通过这道屏障，进入大脑并不断积累。此外，它还能通过胎盘到达胎儿处，引起胎儿性水俣病。

81 Tl

铊

Thallium
相对原子质量204.4

来源于希腊语的“新绿枝丫”thallos。因为在发现它时，它的光谱分析呈现鲜艳的绿色。

禁止使用的元素

铊是银白色的软金属。铊和水银的合金在－58℃依旧能保持液体状态（水银单质为－38℃），因此被用于制作极寒地区的温度计。

铊的化合物毒性极强，硫酸铊过去用于杀鼠剂、杀虫剂等。但是，铊的化合物无臭无味，也可用于杀人，因此在日本被禁止使用。

铊离子在体内与人体必需元素钾离子的大小相同，发挥的功效相似。它能穿过细胞膜给钾离子创设的钾离子通道，进入细胞后会来到钾离子需求量大的神经、肝脏、心肌的线粒体中，来妨碍钾离子工作，造成人体中毒。由于铊会顺着尿液排出体外，通过尿检即可检测出是否为铊中毒。解毒疗法有洗胃、泻药、食用钾、血液透析等。

2014年12月，名古屋大学理学部一年级的女学生，用斧头打伤了同市的一名主妇，并用围巾勒死了她。据说杀人者对此的回答是："我从小时候就想知道杀人是什么滋味"，"我杀谁都行。我杀她的时候，就感到一种'终于尝试一次了！'的那种激动"。

该女学生曾经还强迫同级的两名学生喝下硫酸铊。其中一名学生，肚子经常发生不明剧痛，双目视力急剧下降。

2005年秋天，有一名高中女学生让其母亲喝下铊，将母亲杀害。她在日记中明确记载了让母亲喝下多次醋酸铊，最终导致母亲失去意识。

此前，还有1991年的东京大学技术官员杀人事件、1981年的福冈大学铊伤害事件、1979年的新潟县罐装红茶中混入铊的事件等，都是使用了醋酸铊或硫酸铊。

82 Pb

铅

Lead
相对原子质量207.2

lead是日耳曼语系中的铅。元素符号来自拉丁语意为铅的plumbum的缩写。

罗马时代的水管

铅是银白色金属，但其表面被灰色的保护膜覆盖，密度很大（20℃下11.4g/cm^3），拿起来很重。

铅是人类自古就加以利用的金属之一。曾经出土过制造于五千年前的铅质铸造物。分析罗马遗迹后发现，当时的人们使用的是铅制水管。

铅的熔点很低，常温下很软，易加工，再加上从矿石中可以轻松地提取出来、价格低廉等优点，从古至今，铅都被广泛利用。铅在空气中容易氧化变黑，金属表面会生成致密的保护膜，保护铅内部不会生锈，因此即使放在水中也可保存良好。

铅可以很好地吸收X射线，经常作为X射线的遮挡材料。人在进行X射线检查时，需要穿含铅的围裙保护住生殖器。

铅可以制成焊料（铅锡合金）、铅蓄电池、子弹、钓鱼时的铅垂，用途极为广泛。但是铅进入人体带来的毒性成为环境污染等问题，人们正在想办法做出无铅焊料等铅替代品。

此外，铅蓄电池实在太重，考虑到价格和放电容量、电压稳定性等问题，主要搭载在汽车中。

铅中毒的危险性

铅是最容易引起中毒的重金属了。人连续数周摄入几毫克的铅，就会引发慢性中毒。尤其铅是带有影响神经的毒性，孩子发育时应该特别注意。

2013年10月WHO公布的数据显示：铅中毒每年引发14万人死亡、60万人智力发育低下等问题。

引起铅中毒的物品主要是玩具、房子、家具等，它们有些含有含铅涂料。涂料的保护膜在多年后损坏，掉落到地面、床上，而吸入这些粉末十分危险。WHO强调，各国应该严格禁止含铅涂料的生产和使用。

在日本，家用涂料中不含铅，但是建筑物的结构材料中使用的用来防锈的底料（红色）、精料（黄色、橘色）等曾经含铅，后来几乎都换成了不含铅的涂料。

罗马灭亡的原因?

有人说，罗马灭亡的原因是人们摄入了铅制水管中溶解入水中的铅，导致了中毒。

但这种说法存在几个疑点。罗马时代的水管，绝大部分都是石造的，铅造只占一小部分。虽然说当时的水管没有阀门，水会一直流淌，但是水和铅接触的瞬间，能形成的铅离子微乎其微。

天然水中含有二氧化碳，铅表面的铅离子都会变成沉淀碳酸铅，或是和水中的钙盐一同析出附在其表面，因此水中几乎没有铅离子。

但事实上，罗马人的骨头中含有很多铅，这是红酒导致的。当时是没有冷藏技术的，红酒放一阵就会被醋酸菌氧化且带有酸味。公元前2世纪，罗马有一家红酒酒家，偶然间发现，如果把这种酸红酒放到铅和锡制成的容器中加热，酸味就会变为甜味。

这件事在罗马帝国传开了。其实铅和醋酸发生反应后，生成的是有毒的带有甜味的醋酸铅。后来，人们禁止使用这种方法，改用石灰来中和。现在的红酒中都添加了亚硫酸盐，防止酸化。

现在日本比较老旧的房子，有的还是用铅管来连接家里的水管。晚上不用水的时候，水管里的水也会和水管接触，因此最好不要喝早起刚流出来的水。

为什么铅笔是“铅”笔

铅笔是我们都会用到的文具。我小的时候，妈妈经常跟我说：“不要舔铅笔芯！有毒！”妈妈认为铅笔中含有铅。其实，铅笔芯是黑铅（碳）和黏土烧成的固体，并没有毒。

其实最初的铅笔真的是用铅来做的，后来就沿用了“铅”笔这个名字。但不是只有铅，而是铅和锡的合金。芯是银色的，因此当时也叫作银笔。14世纪的米开朗琪罗，就是用银笔画画的。

后来人们发现银笔价格高、触感硬、不易书写，而使用黑铅的话，更容易在纸上写字。于是，人们就改用木头包裹着黑铅，制成了现在铅笔的雏形。黑铅含有石墨，因此有用的成分其实就是石墨，而名字却没有改，还是用“铅”这个字。

现在的铅笔芯是黑铅（碳）和黏土混合烧成的固体，很结实。而黑铅和黏土的比例不同，笔芯的硬度也会不同。

83 

铋

Bismuth
相对原子质量209.0

据说是源于阿拉伯语中意为“可以轻易熔化的金属”一词，但目前只是猜测。

半衰期是1.9×10^{19}年？！

铋是略带红色的银白色软金属，表面被氧化膜覆盖后，会形成好看的七彩光泽。铋的所有同位素都是放射性同位素，不存在稳定同位素。之前很长一段时间被认为是稳定同位素的铋209，在2003年也被发现了存在半衰期。它的半衰期长达1.9×10^{19}年。可能在人类灭绝之前，铋也不会发生衰变。

铋和其他金属构成的合金，熔点比各种金属单质要低，因此被用于无铅焊料等低熔点合金。因为铋的性质和铅相似（密度大、熔点低、柔软），并且无害，作为子弹、钓鱼用的铅垂和玻璃材料中铅的替代品。

熔点低的合金之一伍德合金含铋50%、铅24%、锡

14%、镉12%，熔点为70℃。把这个合金放入70℃的热水中就可以将其熔成液体。这个合金用于消防自动洒水车的元件，当着火时，周围温度超过70℃，它就会熔化，让水喷出来。

小专栏

制作人工合成元素

在普通的化学变化之中，原子会和其他原子结合，虽然有很多种结合方式，但原子核总是不变的。

但是，当原子核被中子和阿尔法射线击中时，就会变成其他原子。就是利用这个性质，来人工地让原子核发生改变。

原子序号在93号以后的元素，都是通过用阿尔法射线、质子、氘（氢的同位素，质量数为2）、中子等击中原子核制出的不同原子。

84 Po 钋

Polonium
相对原子质量（210）

源于钋的发现者玛丽·居里的国家波兰（Polska、Poland）。

间谍与钋

钋是易挥发、带放射性的银白色金属。铀矿中含有极少的钋（1kg铀矿中含有0.07mg）。

天然存在最多的是钋210，释放出的阿尔法射线是铀释放的100亿倍，半衰期为138.4天，也会释放伽马射线。

1898年，玛丽·居里（居里夫人，1867—1934），发现沥青铀矿含有很强的放射性，开始着手分离其中的物质，最终获得了比铀的放射性还强的元素。

玛丽把这个元素命名为自己的祖国“波兰”。

钋用于阿尔法射线放射源或者核电池。当阿尔法射线进入空气时，空气中分子的电子会飞走，使空气带正电荷，也就是我们常说的电离过程。通过这种方法，可以中和空气中的负电荷，用于除去静电。

逃亡英国、反对普京政权的俄罗斯联邦安全局中校亚历山大·瓦尔杰洛维奇·利特维年科于2006年11月在伦敦突然去世。后来经过查证，他体内有很多放射性钋210，被认定为他杀。他的死因就是钋210导致的体内核辐射。

利特维年科曾是一个很厉害的间谍。有一次他受命需要暗杀几个老百姓，但其中包括他的朋友，他拒绝了这个任务，并召开记者会揭露了上司的恶行。随后，他离开俄罗斯，出版了两本批判普京政权的书。所以，当时媒体都认为俄罗斯政府参与了这次毒杀事件。他的遗书中写着：我是被普京和俄罗斯联邦安全局杀的。负责调查案件的英国独立调查委员会在最终报告上公布了俄罗斯政府参与的可能性。

也正是由于这次事件，放射性剧毒钋被人们熟知。

吸烟就会被辐射?

烟草和番茄、土豆都属于茄科植物。烟草在生长发育的时候，会吸收土壤中的钋210，并在叶子中堆积。因此，吸烟或者吸二手烟都会把钋210吸入体内。现在世界范围内，都流传着一个说法：每天吸3支烟，一年就受到36Sv的辐射。

有人说吸烟导致的肺癌之中，2%的罪魁祸首是钋210。但其实，香烟中还有很多致癌性物质，每一种都可能导致癌症。

85 At 砹

Astatine
相对原子质量（210）

希腊语中a的意思是“否定”，statos是“稳定”，所以就是不稳定的意思。

砹是银白色金属，容易升华，溶于水，有放射性但是极短（最长的砹210为8.1小时，最短的砹213只有0.125毫秒）。因为它很不稳定，所以和钫（原子序号87）并称天然元素中含量最少的元素，全世界只有25g。

86 Rn 氡

Radon
相对原子质量（222）

来自译为“由镭生成”的“RADiumemanatiON”。

氡温泉与射线

氡是稀有气体，密度为9.73kg/m^3，是最重的气体。液体水的密度是1000kg/m^3，因此，氡是水的1/100。氡带有放射性，氡222的半衰期为3.8天。氡是由镭衰变而来的。

日本是世界首屈一指的温泉大国。在各式各样的温泉之中，超过130处是“核能温泉”。其中最有名的是三朝温泉（鸟取县三朝街）、有马温泉（兵库县神户市）、增富温泉（山梨县北杜市）等。

核能温泉是指每千克温泉水中的氡含量在111Bq以上的温泉。核能温泉就是含有放射性同位素的温泉，尤其是氡和镭。一般含氡或镭较多的温泉被称为“氡温泉”“镭温泉”。

氡和镭的主要来源是位于地下深处的铀238。铀被岩浆带到地球表面，溶解于河流和雨水之中，流入地下水，而作为温泉涌出来的这部分地下水就是核能温泉。铀238的半衰期是44.9亿年，最终形成稳定的铅206。而这个过程中一共发生11个阶段的衰变，生成许多含放射性的子核。镭226在第五阶段产生，而镭继续衰变就生成气体氡222。因此，氡的命名就来源于“由镭生成”的。

在大部分核能温泉中，氡的含量比镭低很多。在泡氡温泉时，我们会吸收氡，而氡222会放射阿尔法射线。

氡温泉的功效是提供微量的射线让身体更健康，符合“毒物兴奋效应”原理。但是目前射线的“毒物兴奋效应”原理还只停留在假说层面，有很多争议。所以不能用这个理论来证明氡温泉的射线对健康有益。

另一方面，有数据显示自然界中的氡，即使在低浓度状况下也能引发肺癌。2005年6月，WHO发出警告，氡是继吸烟后引发肺癌的另一大主要原因。

那么，核能温泉的放射量有多少呢？以增富温泉为例，一个人一年每天泡两小时的话，一年的辐射量是0.8Sv。每个人一年的辐射安全量是1Sv，所以偶然泡温泉的话没什么大问题。

并且，虽然有些温泉被叫作thoron温泉，里面不一是真的有thoron元素。“thoron”其实指的是氡220。绝大部分的氡220主要是由钍232生成的。而为了和氡222的温泉区分开，被称为thoron温泉。氡222和氡220性质相似，但半衰期更短。

Part 4

原子序数 87—118

Fr Ra Ac Th Pa U

Np Pu Am Cm Bk Cf Es

Fm Md No Lr Rf Db Sg

Bh Hs Mt Ds Rg Cn Nh

Fl Mc Lv Ts Og

87 Fr 钫

Francium
相对原子质量（223）

由法国的居里研究所发现，因此来源于法国的英文France。

钫是铀衰变过程中的产物，半衰期最长的钫233只有20.18分钟，地壳中最多只有30g，非常稀少。

所有钫的同位素都会衰变为砹、镭或氡。

钫是1939年被发现的，是最晚发现的天然元素。发现者是在巴黎居里研究所工作的30岁的年轻女研究员佩里（1909—1975）。元素名称就来源于佩里的祖国法国。

因为钫是最重的1族碱金属元素，如果能得到一块钫固体的话，应该会和同族的铯性质相似，也就是说，是银白色金属，投入水中会发生剧烈爆炸。

88 Ra 镭

Radium
相对原子质量（226）

来源于拉丁语的“放射”radius。

镭女郎的悲剧

1899年，居里夫妇在精炼铀矿的残渣中找到了和早先发现的钋不同的、能放出更多射线的物质。他们坚信，这个新物质中一定含有新元素，于是花了四年的时间，研究了10吨的残渣，终于在1902年提取出了100mg的镭。

在最初发现X射线和放射性物质时，他们并不知道X射线和放射性物质放出的大量射线对人体有害。

贝克勒尔（1852—1908）曾经把装有镭的玻璃瓶放进兜里，随后他感到腹部一阵火烧似的疼痛。这就叫作镭皮炎。玛丽·居里听说后，在自己手腕上也沾了一点镭，随即出现红斑。

虽然他们因为这件事知道镭会引起急性疾病，但并不知道长时间的辐射影响。

玛丽·居里长时间和放射性物质打交道，身体每况愈下，最后因白血病去世。

从第一次世界大战到1924年期间，有一家美国公司，利用镭放射出的阿尔法射线来制作荧光涂料，并将其涂在手表表面制成夜光手表。这个公司雇佣的女员工中毒事件颇为有名。

那些员工需要将含有镭的涂料涂在表盘上，还要用舌头舔笔尖，因此大量的镭进入体内，引发了骨肉瘤等癌症。这些被称为镭女郎的女孩们状告了他们的公司，并取得了胜诉，但是没过多久大部分原告都去世了。

随后，人们逐渐开始研究射线对人体的影响。但同时，镭也曾用作医疗方法，比如用镭射线来照射癌细胞治疗癌症，或是镭药品等。不过现在的射线疗法使用的是人工合成射线（钴60等），不再使用镭。

21世纪之初的镭热潮

21世纪初期，被当作玛丽·居里终生的研究对象的镭，被人们冠以“科学”“高级”的美誉，开始制作含镭矿的保健品、美容仪等。

完全不含镭的物品，也要加上“镭”的名字，因为这样就能显得更科学、更高级。因此，当时出现了一大批镭制品。其中也有真的含有镭的商品，不出意外地引发了健康问题。

不含镭的产品也有很多，比如镭牌涂料、镭牌黄油、镭牌雪茄、镭牌香烟、镭牌塑料袋、镭牌啤酒等。

89 Ac 锕

Actinium
相对原子质量（227）

来源于希腊语的aktis，意为射线、光线。

锕是银白色金属，属于锕系元素。锕系元素（到103号元素铹共15种）全部带有放射性，其中到92号铀为止，是天然存在的元素，从93号镎开始到103号铹都是人工合成元素，寿命极短。

铀矿中虽然含有一些锕，但是非常难分离、精炼出来，因此只用于研究。

90 Th

钍

Thorium
相对原子质量232.0

来源于钍石（thorite）。钍石的名字来源于北欧神话中的雷神（Thor）。

也许是下个时代的潜在反应堆？

钍是柔软金属，有25种同位素，全部带有放射性。独居石、钍石中都有钍，其含量是铀的三倍。二氧化钍的熔点是3390℃，耐火性很好，因此会用于制作煤气灯罩、坩埚等。

虽然目前尚未普及，但现在已经有很多人在期待钍反应堆成为下个时代的核电站材料。现在中国、印度等国家已经在采掘稀土元素时得到了很多副产品钍，并且已经在计划使用钍反应堆了。

把钍的化合物之一氟化钍变成熔融状态后使用的优点是，作为核燃料的钍比铀存量多，在理论上也不会发生堆芯熔毁，此外可以作为火种消耗有毒的钚。倘若发生核反应剧烈的情况，因为熔融状态的燃料已经是液态了，只要关闭并封住装有熔融盐的反应堆容器盖子，就可以停止核反应。

虽然现在还没有找到合适的耐腐蚀的材料来制作对熔融盐反应堆的管道，但只要攻克这个难题，我猜想印度和中国一定会采用这个新型核电站的。

91 

镤

Protactinium
相对原子质量231.0

形成锕的元素，因此在锕的英文前加上希腊语意为“原型”的prot。

镤是银色系金属，有20种同位素，均含放射性，在自然界的铀矿石中也存在微量的镤。因其带放射性，仅用于研究。

小专栏

“元素周期律表”的说法是错的

元素按照原子序号，其性质存在周期性变化的规律就是元素周期律。根据元素周期律按照原子序号排列的元素制成的表就是元素周期表。

但曾经出现过“周期律表”这个词，可能是混合了“周期表”和“周期律”。

现在，在高中、大学化学的教科书、化学词典、化学专业书等所有化学领域中，都没有使用“周期律表”这个词。

92 U 铀

Uranium
相对原子质量238.0

来源于希腊神话中的天神天王星（Uranus），后改用拉丁语。

原子弹和原子发电

铀是银白色金属，也是在地球上大量存在的元素中原子序号最高的。其中，自然中最多的铀238（99.274%），半衰期是44.68亿年。贝克勒尔无意间把遮光的感光底片和铀矿放在一起，看到了清晰的影像，因此发现了射线。居里夫妇成功从铀矿中提取了镭和钋，并且证明了可以自然发生放射性衰变（放出射线，并变成原子序号更小的元素）。

玛丽·居里把像铀这样能释放射线的性质、能力称为“核能”。

用中子轰击铀235的原子核可以得到两个新原子核，这叫作核裂变。铀的核素之中铀235最容易发生核裂变，因此被用于制造原子弹（含有90%以上的铀235）和原子能发电的核燃料（含3%—5%）。

天然铀之中，只有0.7%的铀235，剩下的99.3%都是不易发生裂变的铀238。因此，制作浓缩的铀235是十分必要的。浓缩铀是根据铀235和铀238质量的细小差别通过远心分离完成的。

铀235发生裂变时，会有2—3个中子飞出，同时释放大量能量。一个铀235裂变后，释放出来的中子会击中附近的铀235，引发连锁反应。这样的连锁反应就叫作核裂变连锁反应。因此，在反应时会释放出巨大的能量。而这个能量就是原子弹的能量和核电站的能量。

◆ 铀235的核裂变连锁反应

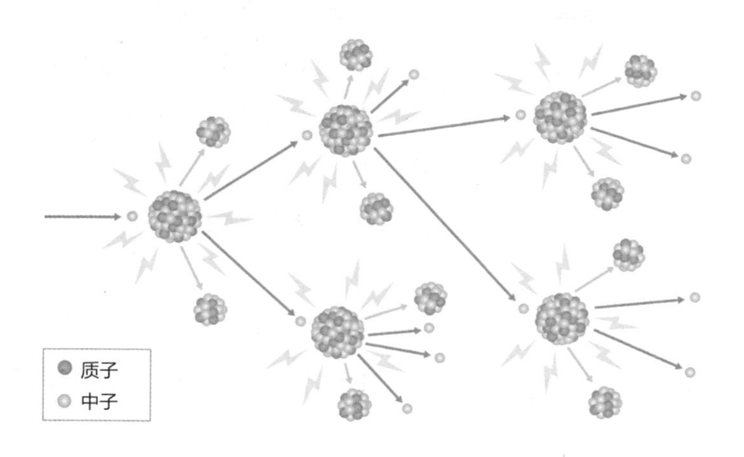

原子弹使用的是铀235或者钚239。广岛原子弹是铀型原子弹，使用的是浓缩铀235（超过90%）超高纯度的核燃料。

原子弹爆炸，需要将铀或者钚集中到一起，使得能量达到核爆炸连锁反应的临界值，因此需要超高的技术。

核电站的核燃料和原子弹一样，也是铀235。核电站与原子弹不同，是持续地、缓慢地进行裂变，因此和原子弹使用的浓缩度也不同，只需要将铀235浓缩到3%。

核燃料以燃料棒（燃料烧制的固体）的形式装在覆层之中。燃料棒中发生的核裂变放出的热量，使得水变成高温高压的水蒸气，而水蒸气会进入涡轮中，形成涡轮发电机进行发电。

在原子弹爆炸和制造核燃料的浓缩铀时会产生一些老化铀。老化的铀是制造核燃料时剩下的残渣。虽然是残渣，老化铀也具有天然铀60%的放射性，作为重金属的铀也带有毒性。

用老化铀制作的炮弹就是老化铀弹。铀的密度极高，如果用于炮弹，可以摧毁装甲车，使其变成粉末，铀在着火时变成氧化铀，弥漫到空气中。

美军等在海湾战争和科索沃战争使用了老化铀弹（也称为贫铀弹），使得当地居民和复员士兵吸入了很多氧化铀，影响了健康。

日本自卫队用的不是老化铀弹，而是硬度更高的钨弹。

93 Np 镎

Neptunium
相对原子质量（237）

来自罗马神话的海神Neptunus。

镎是银色系金属。铀是自然存在的所有金属中原子序号最大的元素（92），从93号元素开始，都是人工合成的元素，因此把93号以后的元素都称为超铀元素。

镎是在反应堆内通过撞击铀238得到的，但是在自然界的铀矿石中也存在微量的镎。它的放射性极强，目前仅用于研究。

94 Pu 钚

Plutonium
相对原子质量（239）

来自继海王星后被发现的冥王星（罗马神话中出现的冥府之王pluto）的名字。

钚是可以安全饮用的吗

钚是银白色金属。格伦西博格（1912—1999）等人在1940年年末首次制出这个人工合成元素。钚具有极强的放射性。起初，大家以为钚是完全的人工合成元素，但后来在铀矿中发现了微量的钚。据估计，地球上全部的天然钚只有0.05g。钚244是天然元素中密度最大的。

1993年，由动力炉核燃料开发事业专团（简称动燃，现国立研究开发法人日本核能研究开发机构）计划制作的动漫《钚君》中，出现了和平使用钚和安全说明等宣传视频。

《钚君》站在“为大家解释对钚的误解”的立场，为大家展示了“钚不是像氯酸钾那样喝下去立即死亡的剧毒”“钚不会被皮肤吸收，和水一起饮用也基本不会被吸收，而会直接排出体外”“进入肠胃后，也基本全被排泄出去”“喝了也没事”等概念，并且表演了一口气喝下钚的场景。但是，这个视频受到了国内外的批评，已经绝版，后经过修订重新出版。

那么，如果喝了钚到底会发生什么呢？我们就以核反应堆再生燃料（MOX燃料）使用的氧化钚来做一下假设。反应堆主要用的是Pu238和Pu239。反应堆内Pu239的重量含量为61%，核能占了8.6%，而Pu238的核能占了78%。

氧化钚被喝下后，就会进入消化道，消化道的吸收率很小，只有0.001%，随后进入血液，转移到肝脏和骨头，并停留其中，放射阿尔法射线，照射周围的组织。

正是因为它在消化道的吸收率很低，《钚君》在宣传中才会说“喝了也没事”。《钚君》是用杯子喝的，摄取量很少，但是即使再少也会被身体吸收，并长时间留在体内，放出射线，可能会诱发癌症。

最需要注意的是不慎吸入钚。如果吸入被钚污染的空气，从鼻子到肺都会附着上钚颗粒，大型、小型粒子都会附着。最小的粒子最终会进入肺泡。

但是，人体内部有防御系统，气管表面的绒毛会把尘埃等异物和黏液一同送到气管上方，再经过食道，最后和大便一同排出。因此，抵达肺深处的颗粒只有吸入量的四分之一。

95 Am 镅

Americium
相对原子质量（243）

和镧系金属铕（来源于欧洲大陆）相呼应，镅的英文名意为“来源于美洲大陆”。

镅是银白色金属。大部分镅都是在核反应堆中以中子撞击钚而形成的，因此可以被大量生产。镅可制成用射线测量厚度的仪器、美国大楼的烟雾报警器等。

烟雾报警器的工作原理是：带有镅241的金属板会发射阿尔法射线，电离空气，当有烟靠近时，空气电离受阻，就能感知到电流发生了变化。

96 Cm 锔

Curium
相对原子质量（247）

来源于科学家玛丽·居里（Marie Curie）和其丈夫皮埃尔·居里（Pierre Curie）的名字。

锔是人工合成元素，银白色金属。锔曾经被认为可用于核电池，后来被钚238取代，现在主要用于研究。

97 Bk 锫

Berkelium
相对原子质量（247）

该元素是被加利福尼亚大学团队发现的，因此用大学所在城市伯克利的英文命名。

锫是人工合成元素，银白色金属，用于研究。

98 Cf 锎

Californium
相对原子质量（252）

源自发现地加利福尼亚大学的英文名。

锎是人工合成元素，银白色金属（推测）。它的有些同位素可以不用中子参与，自己可以发生核裂变（自发裂变）。

99 Es 锿

Einsteinium
相对原子质量（252）

来源于提出相对论的物理学家爱因斯坦的名字。

锿是人工合成元素，银白色金属（推测）。锿虽然是人工合成元素，但并不是在反应堆或者人为用回旋加速器制成的元素，而是在氢弹爆炸的残余物中找到的。

1952年，在太平洋埃内韦塔克环礁上进行了核武器实验——氢弹爆炸实验。这是史上第一次氢弹爆炸。氢弹爆炸的起爆剂中需要使用原子弹。这时用到的是浓缩铀。氢弹爆炸产生的大量中子会一下被铀吸收，形成超铀。

由于这次爆炸，埃内韦塔克环礁消失了。实验一个月后，在清理残余物时，采集到了锿和钚。这个元素命名为晚年提倡废除核武器的爱因斯坦的名字，也许是一种讽刺吧。

镄

Fermium
相对原子质量（257）

来源于第一个成功合成该原子的化学家费米的名字。

镄是人工合成元素，银白色金属（推测）。镄和锿是在一次氢弹爆炸后的辐射落尘中发现的。

101 

钔

Mendelevium
相对原子质量（258）

来自周期表之父门捷列夫的名字。

钔是人工合成元素，银白色金属（推测）。

102 No 锘

Nobelium
相对原子质量（259）

源自硅藻土炸药的发明者、用遗产设立诺贝尔奖的诺贝尔的名字。

锘是人工合成元素，银白色金属（推测）。

103  铹

Lawrencium
相对原子质量（262）

来自回旋加速器的发明者劳伦斯的名字。

铹是人工合成元素，银白色金属（推测）。

104 

铲

Rutherfordium
相对原子质量（267）

来自发现原子核的核物理之父英国物理学家卢瑟福的名字。

铲是人工合成元素，银白色金属（推测）。

105 

钍

Dubnium
相对原子质量（268）

源自位于俄罗斯杜布纳的某原子核研究所，也是该元素最早得到合成的地方。

钍是人工合成元素，银白色金属（推测）。

106 Sg

镥

Seaborgium
相对原子质量（263）

来自通过回旋加速器制成9种人工合成元素的美国物理学家格伦西博格的名字。

镥是人工合成元素，银白色金属（推测）。

107 

铍

Bohrium
相对原子质量（270）

来自打造量子力学基础的丹麦物理学家尼尔斯·波尔的名字。

铍是人工合成元素，银白色金属（推测）。

108 Hs 𬭶

Hassium
相对原子质量（269）

取自1984年成功合成𬭶的重离子研究所所在地——德国黑森州的拉丁语名（Hassia）。

𬭶是人工合成元素，银白色金属（推测）。

109 Mt 鿏

Meitnerium
相对原子质量（278）

来自首位证明铀的核裂变反应的奥地利女性物理学家迈特纳的名字。

鿏是人工合成元素，银白色金属（推测）。

110 

铋

Darmstadtium
相对原子质量（281）

来自发现这种元素的重离子研究所所在地达姆施塔特的名字。

铋是人工合成元素，银白色金属（推测）。

111 

轮

Roentgenium
相对原子质量（281）

来自发现X射线的德国物理学家伦琴的名字。

轮是人工合成元素，银白色金属（推测）。

112 Cn 鿔

Copernicium
相对原子质量（285）

来自主张日心说的波兰天文学家哥白尼的名字。

鿔是人工合成元素，银白色金属（推测）。

113 Nh 鿭

Nihonium

相对原子质量（278）

日本获得了113号元素的命名权！

日本理化研究所生成的113号元素获得了国际上的认可，被确定为新元素。

其实，第一次合成是在2004年。用锌（原子序号30，质子数30）的原子核轰击铋（原子序号83，质子数83），两个原子核相融合，得到83+30=113号元素。难点是原子核大小是千亿分之一厘米，实在太小了，很难让两个原子核相遇。为了能击中铋的原子核，需要持续发射大量锌原子核。

2003年9月开始实验，夜以继日地用回旋加速器给锌原子核加速到光速（大约30万km/s）的10%，并不断发射。终于在2004年7月23日，成功合成了一个113号元素。但是，这唯一的一个113号元素一边释放阿尔法射线，一边衰变成了其他元素。第二年2005年4月2日，第二个才被制造出来，并得以确认。

由于日本合成、发现了第二个113号元素的原子，日本申请了优先权，可是却被驳回。为了能找到更多决定性证据，日本继续实验，终于在2012年8月12日确认得到了第三个113号原子。这次与前两次不同，日本确认了新的衰变过程。它的寿命极短，只有大概千分之二秒，眨眼间就会衰变成其他元素。也就是说，过了十年，才制出了3个鉨原子。

俄罗斯和美国的联合团队提出，自己比理化学研究所团队提前7个月发现113号元素，但是由于证据不足无法获得认证。与此相对，理化学研究所团队制造出了113号元素，还详细捕捉到了它的衰变过程。最后，2015年，日本拿到了命名权，并命名其为鉨（Nihonium）。

114 Fl 𫓧

Flerovium
相对原子质量（289）

来源于第一个创办研究所的苏联原子物理学家格弗廖罗夫的名字Flyorov。

𫓧是人工合成元素。

115 Mc 镆

Moscovium
相对原子质量（289）

来自俄罗斯地名莫斯科。

镆是人工合成元素。

116 

钅立

Livermorium
相对原子质量（293）

来源于美国研究所的名字。

钅立是人工合成元素。

117 

石田

Tennessine
相对原子质量（294）

来自美国的地名田纳西。

石田是人工合成元素。

118 Og 氭

Oganesson
相对原子质量（294）

来自俄罗斯科学家奥加涅相的名字。

氭是人工合成元素，因为在18族，很有可能是稀有气体。

科学家在世时就以他的名字命名新元素，是继106号的第二人。

参考文献

《理科的探险（*RikaTan*）》杂志2012年夏号（总卷一号）：[日]左卷健男总编

《简单易懂的元素图鉴》：[日]左卷健男、田中陵二，日本PHP EDITORS GROUP 2012年出版。

《那个元素有什么作用？》：[日]左卷健男，日本宝岛社（宝岛社新书）2013年出版。

《勺子与元素周期表》：[美]山姆 · 肯恩（Sam Kean）著；[日]松井信彦译，日本早川书房（HAYAKAWA Nonfiction文库）出版。

《简单易懂的元素图鉴：了解地球的材料！》：[日]左卷健男监修，日本宝岛社2015年出版。

《元素111的新知识（第2版）》：[日]樱井弘著，日本讲谈社（Bulebacks）2009年出版。

《元素小事典》：[日]高木仁三郎著，日本岩波书店

（岩波Junior新书）1982年出版。

《图解杂学：元素》：[日]富永裕久著，日本夏目社2005年出版。

《最新图解：了解元素的一切》：[日]山本喜一监修，日本夏目社2011年出版。

《稀有金属必知16话》：[美]基斯韦罗内塞（keith veronese）著；[日]渡边正译，日本化学同人2016年出版。

《被嫌弃的元素最勤劳》：日本化学会编，日本大日本图书1992年出版。

《新版高中化学教科书》：[日]左卷健男编著，日本讲谈社（Bulebacks）2006年出版。

《构成物质的化学最好学：从身边的工业制品学化学》：[日]左卷健男编著，日本技术评论社2013年出版。

《每家每户一张元素周期表（第7版）》：日本文部科学省编。

后记

2013年年末时我去了俄罗斯。虽然此行的主要任务是去给准备建科学馆的俄罗斯某大学一些建议，但除此以外我心里有一个非常想去的地方。

19年前，我和我的朋友石川显法去莫斯科和圣彼得堡旅行时，圣彼得堡的门捷列夫像和墙上刻着的巨大元素周期表给我留下了极为深刻的印象。

门捷列夫像和墙上的巨大元素周期表都依旧完好地保存着（度量衡研究所）。我在我的博客中记录了照片。如果你感兴趣的话，欢迎到我的博客中浏览。我的博客是：http://d.hatena.ne.jp/samakita/20131230/p1（请搜索“samakikaku 左卷健男”）。

这张元素周期表和当今的周期表不同，和元素周期律的发现者门捷列夫所处时代的周期表也不同。其中既包括了当时还没发现的稀有气体元素，也包括了门捷列夫当时虽没发现，却预先空出位置的元素。这张元素周期表被称为“短周期表”，而我们现在使用的则是“长周期表”。

就是圣彼得堡之行，让我再次确认了我从年轻时就一直对元素和周期表有着的浓厚兴趣。所以当时我准备出版一本面向成年读者的理科杂志时，选了“化学元素的世界”作为创刊号特辑。后来我遇到了经营“结晶美术馆”的田中陵二先生，他创作了一幅元素的结晶图，我把这张图和元素周期表合并到一张A1的纸上（报纸展开后的大小），并加到了附录中。

我在研究室的墙上张贴了这张元素周期表。我一边欣赏着这张绘满美丽结晶图片的周期表，一边创作本书初稿。随后，田中陵二先生同我一起编写并出版了《简单易懂的元素图鉴》（PHP EDITORS GROUP）。

我在自序中提到了组成人体的元素。

元素其实就是原子。除放射性元素的原子外，所有原子都不会改变。我们的身体是由无数个原子构成的。读到这里，你有没有想过这些问题：这些原子在组成我们身体之前储存在哪里？人类死亡后这些原子又会组成什么？等等。

古代人体内的某些原子，也许此刻正在我们现代人的体内。

我在教中学生理科时，曾讨论过“埃及艳后的碳元素”这个话题。以下就是我们讨论的具体内容。

我们的身体是由蛋白质、脂肪等多种化合物构成的，其中包括了碳、氢、氧等多种元素。其中的碳元素其实本来并不是我们的东西。自地球诞生以来至今，它经过数万、数亿次化学变化后没有发生改变，就这样成为构成人体的原子。

很久以前，那些原子可能是大英雄恺撒、美女埃及艳后体内的一部分。根据计算，如果把埃及艳后体内的碳原子给世界上所有人均分的话，每个人能分到2000个。不对，说不定蟑螂和恐龙的体内也会有。碳原子作为空气中二氧化碳的成分被植物吸收，植物又通过光合作用合成自身的营养成分。

人死后原子会保留下来。原子不会消失。

日本发现的第113号元素鉨是放射性元素，是可以消失的，而它的寿命约只有千分之二秒，在一瞬间就会衰变成其他的元素。这个元素虽然对我们的生活没有直接的帮助，但对于元素，或者说原子稳定性的基础研究做出了贡献。随后，理化学研究所表示想要继续找出119号、120号元素。

我和田中陵二先生在编写附有元素结晶图片的《简单易懂的元素图鉴》时，借鉴了PHP EDITORS GROUP公司的田畑博文先生的著书，在此非常感谢田畑博文先生的鼓励与支持。

左卷健男

2016年6月

谢词

特此感谢元素学（推特号：@gensogaku）、坂根弦太（冈山理科大学）、暗黑通信团审阅本书草稿。如若本书出现错误，作者负一切责任。